Norbert Mohr

Gabelstapler

Ausbildung, Prüfung und Einsatz

6. Auflage
Bestell-Nr. 31124

Norbert Mohr

Mitautoren der Erstauflage:
Karsten Spenrath
Willibert Spenrath

Zu diesem Lehrbuch ist eine Trainer-CD mit einer Schulungspräsentation, Prüfungsunterlagen und Teilnahmebestätigungen erhältlich.

ISBN 978 - 3 - 87841 - 846 - 7 • Bestell-Nr. 31124

VERKEHRSVERLAG FISCHER

Herstellung und Vertrieb:
Verkehrs-Verlag J. Fischer GmbH & Co. KG, Corneliusstraße 49, D-40215 Düsseldorf
Telefon: +49 (0)211 / 9 91 93 - 0 • Telefax: +49 (0)211 / 6 80 15 44
E-Mail: vvf@verkehrsverlag-fischer.de • Internet: www.verkehrsverlag-fischer.de
www.gefahrzettel24.de

Vertrieb für Österreich:

Verkehrsverlag Meixner – Marion Meixner
Sandgrubweg 2, A-7000 Eisenstadt
Telefon: +43 (0)2682 / 2 10 07
E-Mail: office@marktplatz-meixner.at • Internet: www.marktplatz-meixner.at

Wir bedanken uns für die freundliche fachliche Unterstützung und Bereitstellung von Bildmaterial, ohne die dieses Lehrbuch nicht zu realisieren gewesen wäre.

Insbesondere bedanken wir uns bei:

NISSAN Forklift, Herrn Rose

Linde Material Handling GmbH, Herrn Sieverdingbeck und Frau Löffler

Stabau Schulte-Henke GmbH, Herrn Pantelmann

Truma Gerätetechnik GmbH & Co.KG, Frau Bringazi

Schulungszentrum Humer, Herrn Ing. Christoph Humer

Herrn Frank Rex

Bitte beachten Sie, dass trotz größter Sorgfalt bei der Erstellung dieser Broschüre k e i n e Gewähr für die Richtigkeit übernommen werden kann.

Verbesserungen nehmen wir dankend entgegen.

Seite

Seite

Einleitung

„Die Wirtschaft brummt". Eine Aussage, die in vielen Medien und wirtschaftlichen Fachbeiträgen publiziert wird. Das hört man gerne, insbesondere auch in der Politik.

Das stellt aber auch große Herausforderungen an die Logistik. Immer mehr Waren müssen in möglichst kürzester Zeit dem Kunden geliefert werden. Als Beispiel sei die Zunahme im Geschäft der Online-Anbieter erwähnt. Diese Waren müssen alle hergestellt, ein- und ausgelagert, kommissioniert, verladen und transportiert werden. Dabei sind viele Materialbewegungen erforderlich. Hier kommt die Vielzahl der Flurförderzeuge allgemeiner und spezieller Bauweise zum Einsatz. Ebenso sind viele gut ausgebildete und umsichtig handelnde Bediener dieser Geräte erforderlich. Der Faktor Zeit und der Faktor Mensch sorgen leider dafür, dass durch die Zunahme der vielseitigen belastenden Einflussfaktoren die Sicherheit bei der Bedienung eines Flurförderzeugs häufig leidet.

Dies beweist die jährliche Unfallstatistik der deutschen gesetzlichen Unfallversicherung (DGUV). Waren es 2015 11687 Unfälle und einer deutlichen Steigerung in 2016 mit 12671 Unfällen, sank in 2017 die Zahl der Unfälle wieder auf das Niveau von 2015 mit 11691 Unfällen. Bei den Unfällen mit Todesfolge gab es 2015 eine Spitze von 9 Toten, die sich 2016 nur unwesentlich auf 7 Tote reduzierte. 2017 gab es endlich mal deutlich weniger tödliche Unfälle mit 3 Toten. Jeder ist da aber einer zu viel. Um diese Statistik im positiven Sinne zu beeinflussen, hilft eine gute und praxisorientierte Bedienerausbildung.

Hier liegt Ihnen eine Ausbildungsunterlage vor, mit deren Hilfe Sie lernen werden, Gefahren zu erkennen und frühzeitig zu reagieren. Dieses Buch richtet sich sowohl an solche, die ihre Gabelstaplerausbildung noch nicht absolviert haben, als auch an jene, die schon langjährige Erfahrung haben, und ganz besonders an diejenigen, die jetzt an einer Ausbildung teilnehmen und die Gabelstaplerprüfung ablegen wollen.

Es werden Ihnen Technik, Einsatz und Gefahrenquellen des Gabelstaplers ausführlich erklärt, damit Sie für Ihre täglichen Aufgaben vorbereitet sind. Lernen Sie mit Ihrem Arbeitsgerät auch unter Belastung professionell umzugehen, damit der Spruch „Eile mit Weile" immer Vorrang hat vor dem Spruch „Zeit ist Geld", denn oft ist ein klein wenig mehr Zeit mehr Geld, und vor allem und noch viel wichtiger, mehr Sicherheit für alle Betriebsangehörigen und für Sie selber.

Ich wünsche Ihnen viel Erfolg bei der Ausbildung und eine erfolgreiche Prüfung.

Der Autor — Januar 2019

1. Rechtliche Grundlagen

Arbeitsschutzgesetz (ArbSchG)

Der Gesetzgeber will die Sicherheit und den Gesundheitsschutz der Beschäftigten bei der Arbeit sichern und verbessern.
Hierzu sind die Beschäftigten ausreichend und angemessen zu unterweisen. Die Unterweisung muss an die Gefährdungsentwicklung angepasst sein und erforderlichenfalls regelmäßig wiederholt werden (§ 12 ArbSchG)

Betriebssicherheitsverordnung (BetrSichV)

Der Arbeitgeber hat Pflichten bei der Bereitstellung und Benutzung von Arbeitsmitteln durch Beschäftigte bei der Arbeit.
Dabei hat der Arbeitgeber die Beschäftigten angemessen zu unterrichten und zu unterweisen. Dazu sind ***Betriebsanweisungen*** in verständlicher Form und Sprache zur Verfügung zu stellen.
Im Anhang 2 BetrSichV werden dafür die Mindestvorschriften für Arbeitsmittel festgelegt und im Anhang 3 BetrSichV die Mindestvorschriften zur Verbesserung der Sicherheit und des Gesundheitsschutzes der Beschäftigten bei der Benutzung von Arbeitsmitteln.
Den Einsatz von Flurförderzeugen regelt die TRBS 2111, Teil 1 „Mechanische Gefährdungen – Maßnahmen zum Schutz vor Gefährdungen beim Verwenden von mobilen Arbeitsmitteln“

Gesetz über die Bereitstellung von Produkten auf dem Markt (ProdSG)

Für Flurförderzeuge ist sicherzustellen, dass sie bei bestimmungsgemäßer oder vorhersehbarer Verwendung die Sicherheit und Gesundheit von Personen nicht gefährden.

9. Verordnung zum Produktsicherheitsgesetz „Maschinenverordnung“ (9. ProdSV)

Sie regelt das Inverkehrbringen von neuen Maschinen. Voraussetzung für das Inverkehrbringen ist, dass der Hersteller die Maschine mit der CE-Kennzeichnung versieht und eine Konformitätserklärung ausstellt.

Arbeitsstättenverordnung

Der Arbeitgeber hat dafür zu sorgen, dass Arbeitsstätten so eingerichtet und betrieben werden, dass Gefährdungen für die Sicherheit und die Gesundheit der Beschäftigten möglichst vermieden und verbleibende Gefährdungen möglichst gering gehalten werden.
Mit den „technischen Regeln für Arbeitsstätten (ASR)“ wird auch der Einsatz von Gabelstaplern in Betrieben sicherer gestaltet.

1.1 Besonders wichtig für Gabelstaplerfahrer

Priorität haben für Sie:

- **Betriebsinterne Regelungen** des Unternehmens,
  z.B. Betriebsanweisungen oder verkehrstechnische Regelungen
- **Gerätespezifische Anweisungen**,
  z.B. Bedienungsanleitungen oder Prüfbücher
- Das **Regelwerk** der **deutschen gesetzlichen Unfallversicherung** (DGUV):
  Jeder Arbeitnehmer ist verpflichtend durch den Arbeitgeber gesetzlich unfallversichert.
  Die DGUV hat u.a. die Aufgabe, diesen gesetzlichen Unfallversicherungsschutz insbesondere im Bereich vorbeugender Maßnahmen zu gestalten. Dieses Regelwerk der DGUV sorgt für die inhaltlichen Maßnahmen zum Schutz der gesetzlich Unfallversicherten.

Ab dem 01.05.2014 änderte sich die Systematik des berufsgenossenschaftlichen Regelwerks. Das ergab sich, um Überschneidungen, die sich aus der Fusion von Berufsgenossenschaften und öffentlichen Unfallversicherungsträgern ergeben hatten, zu bereinigen und zu vereinheitlichen.
Gedruckte Exemplare werden bis zur Erarbeitung einer neuen Fassung noch mit bisheriger Nummer ausgeliefert.

Im Zusammenhang mit dem Betrieb von Flurförderzeugen sind besonders wichtig:

DGUV Vorschriften

DGUV Vorschrift 1 (BGV A1):	Grundsätze der Prävention
DGUV Vorschrift 68 (BGV D27):	Flurförderzeuge
DGUV Vorschrift 79 (BGV D34):	Verwendung von Flüssiggas

DGUV Regeln

DGUV Regel 112-193 (BGR 193):	Benutzung von Kopfschutz
DGUV Regel 108-006 (BGR 233):	Ladebrücken und fahrbare Rampen
DGUV Regel 108-007 (BGR 234):	Lagereinrichtungen und -geräte

DGUV Informationen

DGUV Information 250-427 (BGI 504-G25):	Arbeitsmedizinische Vorsorgeuntersuchung G25 „Fahr-, Steuer- und Überwachungstätigkeiten"
DGUV Information 208-004 (BGI 545):	Gabelstaplerfahrer

DGUV Grundsätze

DGUV Grundsatz 308-001 (BGG 925): Ausbildung und Beauftragung der Fahrer von „Flurförderzeugen mit Fahrersitz und Fahrerstand“

Zu den DGUV Vorschriften gibt es „Durchführungsanweisungen“, die die Regelungen erläutern und deren praktische Umsetzung, wenn erforderlich, mit Beispielen erklären und erleichtern.

Das Regelwerk der DGUV hat Verordnungscharakter und ist somit bindend für Sie. Es ist notwendig, die Bestimmungen der DGUV zu kennen, zu beherrschen und anzuwenden, da bei Verstoß entsprechende Strafen oder Bußgelder auf Sie zukommen.

1.2 Vorschriften im Umgang mit Flurförderzeugen

Gesetze und Verordnungen:

- **StVZO** : Straßenverkehrszulassungsordnung
- **StVO** : Straßenverkehrsordnung
- **FeV** : Fahrererlaubnis-Verordnung

Normen:

- **DIN EN 1459/A1** und **DIN EN 15000** → Sicherheit von Flurförderzeugen
- **DIN ISO 5053** → Kraftbetriebene Flurförderzeuge – Begriffe
- **ISO 1074** → Gabelstapler (Standsicherheitsversuche)
- **ISO 2330** → Gabelzinken, technische Bedingungen und Prüfung
- **DIN 15133** → Hauptabmessungen und Kennwerte (Hublast, Lastschwerpunktabstand, Bauhöhe, usw.)
- **DIN 15138** → Sicherheitsbedingungen bei Gabelstaplern
- **DIN 15140** → Flurförderzeuge, Begriffe, Kurzzeichen

Richtlinien:

- **VDI-Richtlinien:**
  → 2198 Typenblätter für Flurförderzeuge
  → 2511 Regelmäßige Prüfung
  → 3318 Befahren von Lastenaufzügen
  → 3578 Anbaugeräte

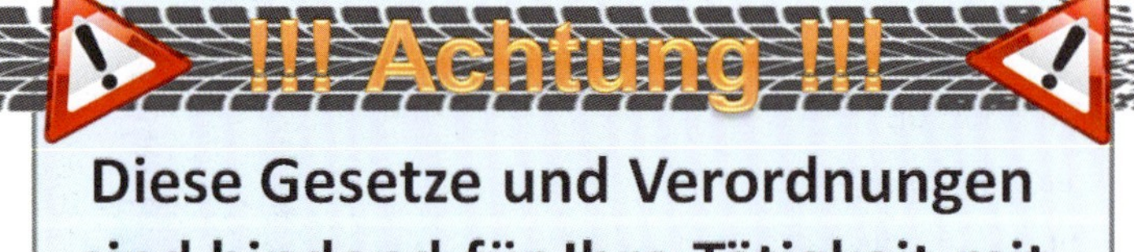

Diese Gesetze und Verordnungen sind bindend für Ihre Tätigkeit mit einem Gabelstapler.

Ein Verstoß gegen diese Regeln kann Sie teuer zu stehen kommen.

1.3 Voraussetzung zur Führung von Flurförderzeugen nach DGUV Vorschrift 68 (BGV D27)

Auswahl der Fahrzeugführer

Als Führer von Flurförderzeugen aller Art müssen Sie gewisse Voraussetzungen erfüllen.

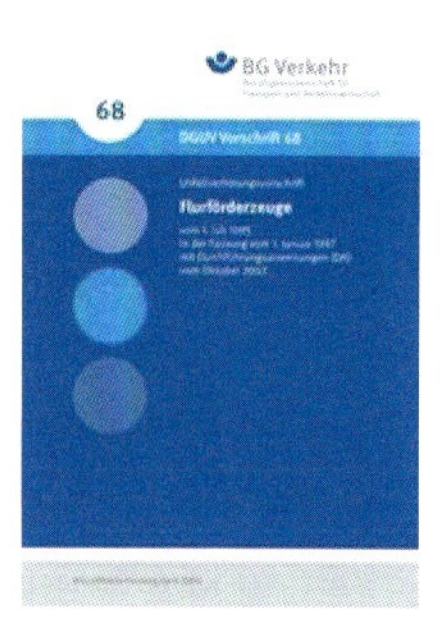

Im § 7 DGUV Vorschrift 68 (BGV D27) heißt es: „Der **Unternehmer** darf mit selbstständigem Steuern von Flurförderzeugen mit Fahrersitz oder Fahrerstand **Personen** nur **beauftragen**,

- die **mindestens 18 Jahre** alt sind,
  - **Ausnahme:** Jugendliche unter 18 Jahren in der Ausbildung
- die für diese Tätigkeit **geeignet** und **ausgebildet** sind,
- die ihre **Befähigung nachgewiesen** haben.“

Die **Auftragserteilung** seitens des Unternehmers muss **schriftlich** erfolgen.
Diese Beauftragung sollte zurückgenommen werden, wenn über einen Zeitraum von einem Jahr keine ausreichende und regelmäßige Fahrpraxis nachgewiesen werden kann.

Für Mitgänger-Flurförderzeuge, deren bauartbedingte Höchstgeschwindigkeit 6 km/h überschreitet, gelten die gleichen Beauftragungsvoraussetzungen wie für alle anderen Flurförderzeuge.
Unterhalb dieser Geschwindigkeit ist eine Unterweisung ausreichend und die Beauftragung muss nicht in schriftlicher Form erfolgen.
Im **Absatz 3** ist die **Beauftragung** des Mitarbeiters durch den Unternehmer festgelegt.

Gesundheitliche Voraussetzungen

Die **körperliche Eignung** sollte durch **arbeitsmedizinische Vorsorgeuntersuchungen** nach dem Berufsgenossenschaftlichen Grundsatz für arbeitsmedizinische Vorsorgeuntersuchungen

G 25 „Fahr-, Steuer- und Überwachungstätigkeiten"

festgestellt werden [DGUV Grundsatz 350-001 (BGG 904)].
Bei Beschäftigten, die Fahr-, Steuer- und Überwachungstätigkeiten ausüben, können arbeitsmedizinische Vorsorgeuntersuchungen angezeigt sein, wenn an ihre gesundheitliche Eignung besondere Anforderungen zu stellen sind, um Unfall- und Gesundheitsgefahren für die Beschäftigten oder Dritte zu verhindern [DGUV Information 250-427 G25 (BGI 504-G25)].

Umfang der G 25:

Bei der G 25 wird eine allgemeine Ganzkörperuntersuchung und eine der Feststellung der Vorgeschichte durchgeführt. Es findet eine Untersuchung des Hör- und Sehvermögens statt.
Diese beinhaltet im Allgemeinen:

- die Sehschärfe,
- das räumliche Sehen,
- das Farbsehen,
- das Gesichtsfeld,
- das Dämmerungssehen und
- die Blendungsempfindlichkeit.

Zusätzlich kann eine Urin-/Blutuntersuchung stattfinden, um bestimmte Organfunktionen und/oder Gesundheitsstörungen weiter abgeklären zu können, die für die Beurteilung nach G 25 von Bedeutung sein können. Bei geringen Gefahren kann auf diese arbeitsmedizinischen Vorsorgeuntersuchungen verzichtet werden. Art, Umfang und Wiederholungsintervalle sind im „Leitfaden für Betriebsärzte zur Anwendung des G25" und in der DGUV Information 240-250 (BGI/GUV-I 504-25) „Handlungsanleitung für die arbeitsmedizinische Vorsorge" nach dem Berufsgenossenschaftlichen Grundsatz G 25 „Fahr-, Steuer- und Überwachungstätigkeiten" hinterlegt und stellen eine solide Grundlage für die Eignungsfeststellung dar.

Die **Untersuchungen** gliedern sich in

Erstuntersuchung	**Vor Aufnahme von Fahr-, Steuer- und Überwachungstätigkeiten**
Nachuntersuchung	• bis zum vollendeten 40. Lebensjahr nach 36 bis 60 Monaten • ab dem vollendeten 40. bis zum vollendeten 60. Lebensjahr nach 24 bis 36 Monaten • ab dem vollendeten 60. Lebensjahr nach 12 bis 24 Monaten
Vorzeitige Nach-untersuchungen	• Nach längerer Arbeitsunfähigkeit (mehrwöchige Erkrankung) oder körperlicher Beeinträchtigung, die Anlass zu Bedenken gegen die weitere Ausübung der Tätigkeit geben könnte • Bei Aufnahme einer neuen Tätigkeit • Nach ärztlichem Ermessen in Einzelfällen (z. B. bei befristeten gesundheitlichen Bedenken) • Auf Wunsch des Beschäftigten, der eine Gefährdung aus gesundheitlichen Gründen bei weiterer Ausübung seiner Tätigkeit vermutet • Falls Hinweise auftreten, die aus anderen Gründen Anlass zu Bedenken gegen die weitere Ausführung dieser Tätigkeit geben

Gliederung der Ausbildung gem. DGUV Grundsatz 308-001 (BGG 925)

Inhalt und Umfang der Ausbildung sind im **DGUV Grundsatz 308-001 (BGG 925) „Grundsätze für Ausbildung und Beauftragung der Fahrer von Flurförderzeugen mit Fahrersitz oder Fahrerstand“** festgelegt.

Die Ausbildung gliedert sich in 3 Stufen:

1. Die allgemeine Ausbildung (Stufe 1)

In der Stufe 1 werden Sie **theoretisch** mit den **Sicherheitsbestimmungen** und dem **Gerät** vertraut gemacht. Im **praktischen** Teil lernen Sie erste **Übungen** mit dem Gabelstapler zu meistern (Aufnahme, Transport, Absetzen und Stapeln von Lasten). Im Regelfall wird die Ausbildung und Prüfung in Theorie und Praxis an Frontgabelstaplern vollzogen.

2. Die Zusatzausbildung (Stufe 2)

In der Stufe 2 werden Sie für spezielle Flurförderzeuge (z.B. Containerstapler, Teleskopstapler etc.) oder für besondere Anbaugeräte in Theorie und Praxis trainiert. Die Prüfung ist Geräte bezogen.

3. Eine betriebliche Ausbildung / jährliche Sicherheitseinweisung (Stufe 3)

In der Stufe 3 werden Sie in die Handhabung betriebsüblicher Flurförderzeuge und Anbaugeräte eingewiesen.

Dazu gehört auch eine Sicherheitseinweisung, die jährlich unter Aufsicht eines Fachkundigen zu wiederholen und zu dokumentieren ist.

Außerdem werden Sie innerhalb der Einweisung einen verhaltensbezogenen Teil durchlaufen. Schwerpunkt dieser Einweisung sind die Belange (Verkehrswege, Fahrverbote) des Unternehmens.

Haben Sie die Ausbildung erfolgreich abgeschlossen, wird ein **Fahrausweis** ausgestellt. Beachten Sie allerdings zwei verschiedene Arten des Fahrausweises:

Der allgemeine Fahrausweis

Dieser Fahrausweis ist elementar für Ihre Tätigkeit, denn er bescheinigt Ihre **Ausbildung** in **einer überbetrieblichen Bildungseinrichtung** und wird von vielen Unternehmen anstandslos anerkannt.

Der betriebsinterne Fahrausweis

Dieser Fahrausweis wird **von Ihrem Unternehmen** ausgestellt und ist bei Verlassen des Betriebes abzugeben.

Der betriebsinterne Fahrausweis kann gleichzeitig die Beauftragung darstellen.

Ansonsten ist der Unternehmer verpflichtet, Sie gesondert **schriftlich** mit der Führung eines Gabelstaplers zu beauftragen.

Beispiel eines Fahrausweises:

Allgemeine Ausbildung:

Typ / Bezeichnung / Tragfähigkeit / Antrieb / Ausrüstung / Hersteller / Sonstige Angaben

Datum Unterschrift/Stempel Prüfer/Ausbilder

Typ / Bezeichnung / Tragfähigkeit / Antrieb / Ausrüstung / Hersteller / Sonstige Angaben

Datum Unterschrift/Stempel Prüfer/Ausbilder

Zusatzausbildung:

Typ / Bezeichnung / Tragfähigkeit / Antrieb / Ausrüstung / Hersteller / Sonstige Angaben

Datum Unterschrift/Stempel Prüfer/Ausbilder

Typ / Bezeichnung / Tragfähigkeit / Antrieb / Ausrüstung / Hersteller / Sonstige Angaben

Datum Unterschrift/Stempel Prüfer/Ausbilder

Betriebliche Ausbildung:

Typ / Bezeichnung / Tragfähigkeit / Antrieb / Ausrüstung / Hersteller / Sonstige Angaben

Datum Unterschrift/Stempel Prüfer/Ausbilder

Typ / Bezeichnung / Tragfähigkeit / Antrieb / Ausrüstung / Hersteller / Sonstige Angaben

Datum Unterschrift/Stempel Prüfer/Ausbilder

Organisation

Fahrausweis für Flurförderzeuge

© Verkehrs-Verlag J. Fischer GmbH & Co. KG
Corneliusstraße 49, 40215 Düsseldorf
Telefon +49 211 991930, Telefax +49 211 6801544
www.verkehrsverlag-fischer.de

Nachdruck-auch auszugsweise-nicht gestattet

Inhaber des Fahrausweises:

Ausweis-Nr. __________

Vor-, Zuname __________

Geb.-Datum __________

Geb.-Ort __________

Lichtbild

Unterschrift: __________

Inhaber des Fahrausweises:

ist gemäß DGUV Grundsatz 308-001 und damit verbundener Regelwerke ausgebildet und erfolgreich geprüft worden. Die Ausbildung und Prüfung gilt nur für die umseitig eingetragenen Flurförderzeuge.

ist zum Führen von Flurförderzeugen gemäß DGUV Information 250-427 G25 und damit verbundener Regelwerke zum Zeitpunkt der jeweiligen Erteilung eines Fahrauftrages geeignet.

darf Flurförderzeuge nur führen, wenn ein Fahrauftrag gemäß DGUV Vorschrift 68 und damit verbundener Regelwerke schriftlich in diesem Ausweis erteilt wurde.

darf Flurförderzeuge nur führen, wenn er die DGUVen, Betriebsanleitungen- und anweisungen und weitere damit verbundene Regelwerke beachtet.

Fahrauftrag:

Der Inhaber dieses Ausweises wird zum Führen folgender Flurförderzeuge beauftragt:

Typ / Bezeichnung / Tragfähigkeit / Antrieb / Ausrüstung / Hersteller / Sonstige Angaben

Datum Unterschrift/Stempel Unternehmer/Beauftragter

Typ / Bezeichnung / Tragfähigkeit / Antrieb / Ausrüstung / Hersteller / Sonstige Angaben

Datum Unterschrift/Stempel Unternehmer/Beauftragter

Jährliche Unterweisung gem. DGUV Vorschrift1:

Datum	Arbeitsplatz
Unterschrift	
Unterschrift	
Unterschrift	
Unterschrift	
Unterschrift	
Unterschrift	
Unterschrift	

!!! Achtung !!!

**Achten Sie darauf, dass der Fahrausweis innerbetrieblich und überbetrieblich bestimmte Angaben und ihr Lichtbild beinhaltet:
Pers. Daten (Name, Geburtsdatum), einzelne Bestätigung der drei Ausbildungsstufen und weitere Ausbildungsmaßnahmen im Rahmen Ihrer Tätigkeit.
Darüber hinaus Angaben über den Fahrzeugtyp.**

!!! Achtung !!!

1.4 Der verantwortungsvolle Fahrer

Ziel jedes Mitarbeiters im Betrieb muss es sein, ein **hohes Maß an Arbeitssicherheit** einzuhalten, um Arbeitsunfälle zu vermeiden. Jeder Mitarbeiter ist unmittelbar für seinen Arbeitsplatz und für die von ihm benutzten Arbeitsmittel verantwortlich. Es hat jeder Mitarbeiter persönlich in der Hand, ob er sich an Sicherheitsvorschriften hält und mit seinen Geräten verantwortungsvoll umgeht. Deshalb ist jeder Mitarbeiter für die Folgen seiner Tätigkeit verantwortlich.
Hierzu wird er auch verpflichtet. Die DGUV Vorschrift 1 „Prävention“ fordert in den Paragrafen

- 15 „Allgemeine Unterstützungspflichten und Verhalten“,
- 16 „Besondere Unterstützungspflichten“,
- 17 „Benutzung von Einrichtungen, Arbeitsmitteln und Arbeitsstoffen“ und
- 18 „Zutritts- und Aufenthaltsverbote“

das entsprechende Verhalten.
Ausdrücklich zu erwähnen ist dieser Absatz aus dem § 15:
„Versicherte dürfen sich durch den Konsum von Alkohol, Drogen oder anderen berauschenden Mitteln nicht in einen Zustand versetzen, durch den sie sich selbst oder andere gefährden können. Wird durch sein Handeln ein Schaden verursacht, so haftet er.“
Hierbei wird nach **drei Handlungsarten** unterschieden:

- **fahrlässig,**
- **grob-fahrlässig** und
- **vorsätzlich**.

Definitionen

Fahrlässig: Fahrlässig handelt, wer die erforderliche Sorgfalt bei seinem Handeln außer Acht lässt.

Grob-fahrlässig: Grob-fahrlässig handelt, wer die erforderliche Sorgfalt bei seinem Handeln in ungewöhnlichem Maße außer Acht lässt.

Vorsatz: Vorsätzlich handelt, wer bewusst gegen ein Gesetz verstößt.

Rechtsfolgen:

Jeder der schuldhaft einen Schaden verursacht, kann für diesen zur Verantwortung gezogen werden.

Verwarnungsgeld:

Bei kleineren Verstößen gegen berufsgenossenschaftliche Regelwerke.

Ausgesprochen durch:	die Berufsgenossenschaft oder das Amt für Arbeitsschutz
Zahlung:	an die Berufsgenossenschaft oder die Staatskasse
Höhe:	bis zu 55 €
Gesetzesgrundlage:	§ 56 OWiG

Bußgeld:

Bei vorsätzlichem oder fahrlässigem Handeln durch Unternehmer, Beauftragte und Versicherte.

Ausgesprochen durch:	die Berufsgenossenschaft oder
das	Amt für Arbeitsschutz
Zahlung:	an die Berufsgenossenschaft oder die Staatskasse
Höhe:	bis zu 25.000 €
Gesetzesgrundlage:	§ 209 SGB VII (bis zu 10.000 €) § 20 ASiG (bis zu 25.000 €) § 25 ArbSchG (bis zu 25.000 €) § 17 OWiG (bis zu 1.000 €)

Straftat:

Wenn ein Tatbestand nach StGB vorliegt, wie z.B. fahrlässige Tötung oder Körperverletzung.

Ausgesprochen durch:	Straf-/Schwurgericht
Zahlung:	an die Berufsgenossenschaft oder die Staatskasse
Höhe:	bis zu 5 Jahren Freiheitsstrafe oder Geldstrafe
Gesetzesgrundlage:	§ 130 OWiG § 222 StGB

Zivilansprüche (Haftung):

Ansprüche durch den Geschädigten oder Versicherer gegenüber dem Schädiger.

Ausgesprochen durch:	Zivilgerichte
Zahlung:	an die Berufsgenossenschaft oder die Staatskasse bzw. an den Geschädigten
Höhe:	nach BG Aufwand oder gerichtlicher Festsetzung
Gesetzesgrundlage:	§ 110ff SGB VII § 823 BGB

2. Unfallgeschehen

Bei der Analyse, wie meldepflichtige Unfälle entstanden sind, zeigt sich, dass bei ca. einem Drittel die Verletzung des Fahrers als Unfallursache durch den Fahrer selber herbeigeführt wurde. Bei 43 Prozent der Unfälle wurden andere Personen durch einen Gabelstapler überfahren, angefahren bzw. eingequetscht.
Waren es 2015 11687 Unfälle und einer deutlichen Steigerung in 2016 mit 12671 Unfällen, sank in 2017 die Zahl der Unfälle wieder auf das Niveau von 2015 mit 11691 Unfällen.
Bei den Unfällen mit Todesfolge gab es 2015 eine Spitze von 9 Toten, die sich 2016 nur unwesentlich auf 7 Tote reduzierte. 2017 gab es endlich mal deutlich weniger tödliche Unfälle mit 3 Toten. Trotzdem ist jeder Tote einer zu viel.
Die Zahl der Unfälle, die aufgrund ihrer Schwere zu einer Verrentung der Unfallopfer führten, bleibt leider relativ konstant. Waren es 2016 364 Verrentungen, gab es 2017 329.

Unfallhergang: Stapler	Meldepflichtige Unfälle		Neue Unfallrenten		Tödliche Unfälle	
	Anzahl	%	Anzahl	%	Anzahl	%
Verletzter fährt den Stapler	3.526	30,2	64	19,5	0	0,0
Verletzter wird vom Stapler angefahren, eingequetscht, überfahren u.Ä.	5.040	43,1	208	63,2	2	66,7
übrige Unfallhergänge	3.125	26,7	57	17,3	1	33,3
Gesamt	**11.691**	**100,0**	**329**	**100,0**	**3**	**100,0**

Ursache vieler Unfälle ist die eingeschränkte Sicht des Staplerfahrers nach vorne und hinten. Dieser Umstand wird häufig ergänzt durch persönlichen oder betrieblichen Stress, Zeitdruck und daraus entstehenden Konzentrationsmangel. Weiterhin tragen besonders unübersichtliche und enge räumliche Verhältnisse, nicht eindeutige Verkehrsregelungen oder fehlende Abgrenzungen zwischen Fahrwegen und Personenwegen zur Unfallhäufigkeit bei.

Bei den meldepflichtigen Unfällen sind in 41 Prozent der Unfälle die Füße oder die Fußknöchel betroffen. Bei 14 Prozent wurden das Kniegelenk oder der Unterschenkel verletzt. 53 Prozent hatten Prellungen, Verstauchungen oder Zerrungen zur Folge.

Bei den Verrentungen waren die Ursache über 75 Prozent schwerere Frakturen.

Diese Zahlen spiegeln aber nur die „offiziellen" gemeldeten Unfälle dar. Wie viel Unfälle geschehen, die nicht gemeldet werden bzw. wie viel sogenannte „Bagatellunfälle" oder „Beinaheunfälle" im Laufe eines Jahres passieren, kann nicht bewertet werden.

Im Wesentlichen wird zwischen den folgenden häufigsten Unfallarten unterschieden:

2.1 Unfallarten beim Betrieb des Gabelstaplers

Anfahrunfälle:

Passieren häufig beim Rangieren oder kurz nach der Inbetriebnahme durch ein nicht umsichtiges Verhalten des Fahrers. Es werden hierbei Personen oder Material und Einrichtungen angefahren bzw. berührt oder sogar eingequetscht.

Fahrerunfälle:

Sind Unfälle, die beim Bedienen oder Lenken des Arbeitsgeräts geschehen. Die Hauptursachen sind häufig ein zu hoher Lenkradeinschlag (Kippgefahr), Zusammenstöße mit Einrichtungen oder Gebäuden durch Unachtsamkeit des Fahrers.

Das Abstürzen von einer Rampe durch einen Fahrfehler zählt z.B. auch zu den Fahrerunfällen.

Ladegutunfälle:

Beim Arbeiten mit einem Flurförderzeug werden durch die Ladung Personen oder Sachen beschädigt.

Hauptunfallursachen hier: Anstoßen, Klemmen, Quetschen oder herabfallendes Ladegut.

Lastaufnahmemittelunfälle:

Hier ist die häufigste Unfallursache unsachgemäßes Abstellen des Gabelstaplers oder unsachgemäße Montage von Anbaugeräten.

Aufstiegsunfälle:

Einer der häufigsten Unfälle, die dem Fahrer beim Auf- oder Absteigen passieren. Der Gabelstapler ist immer über die dafür vorgesehenen Tritte zu besteigen. Genauso muss auch über diese der Stapler verlassen werden. Gerade beim Verlassen ist es wichtig, den Stapler rückwärts zu verlassen. Das Herausspringen ist hier die größte Unfallursache. Unachtsamkeit bei feuchten und schmutzigen Schuhen und Tritten unterstützt das Unfallrisiko.

2.2 Unfallprävention

Die aufgezeigten Unfälle sind ein Risikofaktor bei Ihrer Arbeit. Die **persönliche Schutzausrüstung** trägt dazu bei, die Verletzungsgefahr zu minimieren. Die persönliche Schutzausrüstung ist immer zu benutzen, insbesondere wenn dies vom Arbeitgeber direkt oder auch **per Betriebsanweisung** oder **Beschilderung gefordert** ist.

Die persönliche Schutzausrüstung ist zumeist von der Art der Tätigkeit Ihres Betriebes abhängig.

Auf jeden Fall sollte als **Grundschutz geeignete Arbeitskleidung** verwendet werden.

Zur persönlichen Schutzausrüstung zählen unter anderem:

- Helm
- Arbeits- / Sicherheitshandschuhe
- Arbeits-/ Sicherheitsschuhe (mit Stahlkappe)
- Gehörschutz
- Schutzbrille

Zur Unfallprävention sollten Sie auf jeden Fall einige wesentliche Grundsätze beachten:

- Seien Sie ausgeschlafen, Schlafmangel führt zu Konzentrationsmängeln
- Beachten Sie ein absolutes Drogen- und Alkoholverbot, denken Sie dabei auch an einen möglichen Restalkohol im Körper
- Beachten Sie, dass Medikamente Fahr- und Steuertätigkeiten negativ beeinflussen. Sprechen Sie ggf. mit einem Arzt oder einem Vorgesetzten
- Vermeiden Sie Zeitdruck und hektisches Arbeiten
- Führen Sie die Gabelstaplertätigkeiten konzentriert und aufmerksam durch
- Lassen Sie sich nicht durch Umgebungseinflüsse und durch andere Mitarbeiter ablenken bzw. hetzen

- **Sie lernen, Gefahren frühzeitig zu erkennen und zu vermeiden.**
- **Sie lernen, sich selbst und Ihr Umfeld zu schützen.**
- **Sie lernen verantwortungsvollen sicheren Umgang mit Ihrem Gerät.**

!!! Achtung !!!

**Unfälle schaden jedem, der aktiv und passiv mit ihnen in Berührung kommt.
Sei es ein Kollege, der Stapler, das Unternehmen, dessen Ladegut beschädigt wurde oder Sie selbst.
Vorsicht, Aufmerksamkeit und Sorgfalt müssen bei Ihrer Tätigkeit IMMER ein treuer Begleiter sein.**

!!! Achtung !!!

3. Flurförderzeuge, Anbauten, Aufbau, Funktion

Flurförderzeuge gibt es in vielen Variationen und Typen, aber grundlegend ist die Definition nach DGUV Vorschrift 68 (BGV D27) Flurförderzeuge.

3.1 Definition nach DGUV Vorschrift 68 (BGV D27) Flurförderzeuge

a) Flurförderzeuge im Sinne dieser Unfallverhütungsvorschrift sind Fördermittel, die ihrer Bauart nach dadurch gekennzeichnet sind, dass sie mit

- Rädern auf Flur laufen und frei lenkbar
- zum Befördern, Ziehen oder Schieben von Lasten eingerichtet
- zur innerbetrieblichen Verwendung bestimmt

sind.

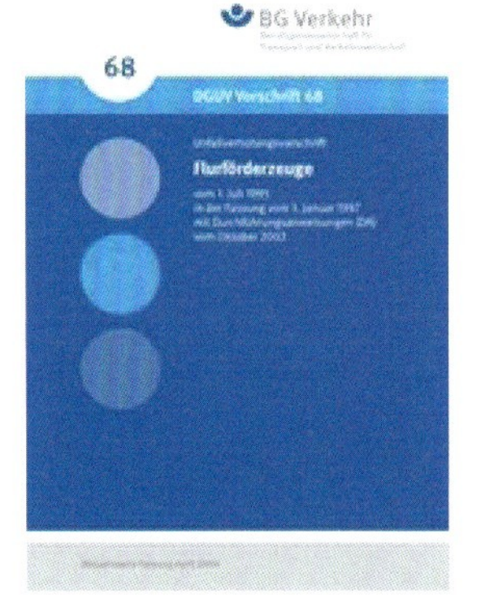

b) Flurförderzeuge mit Hubeinrichtung im Sinne dieser Unfallverhütungsvorschrift sind zusätzlich zu Absatz 1 dadurch gekennzeichnet, dass sie

- zum Heben, Stapeln oder zum „in Regale einlagern" von Lasten eingerichtet sind
- Lasten selbst aufnehmen und absetzen können.

3.2 Hauptgruppen der Flurförderzeuge

In der Richtlinie der Flurförderzeuge VDI 3586 sind 7 Hauptgruppen aufgeführt. Mit den Geräten dieser Hauptgruppen werden Sie in Zukunft arbeiten. Hier eine Übersicht über diese Hauptgruppen mit ihren wichtigsten Vertretern.

Die Bezeichnungen für Flurförderzeuge ergeben sich aus der hier dargestellten Systematik. Aus dieser Systematik werden die individuellen **Flurförderzeuge-Kurzbezeichnungen** abgeleitet:

Antriebsart 1. Buchstabe:

B = Benzin
D = Diesel
E = Elektro (Batterie)
N = Netz (Elektrisch)
P = Pressluft
T = Treibgas
= Handbetrieb (ohne Kennzeichnung)

Bedienungsart 2. Buchstabe:

G = Geh
S = (Fahrer) stand
F = (Fahrer) sitz
K = Kommissioniergerät

Bauart 3. Buchstabe

A = Sattelschlepper
B = Zweiseitenstapler
C = C-Gabel-Dreiseitenstapler
E = Portalstapler
F = Portalhubwagen
G = Gabelstapler
H = Hochhubwagen
I = Initialgabelhochhubwagen
L = Gabel-Dreiseitenstapler
M = Schubmaststapler
N = Hubwagen
P = Spreizenstapler
Q = Quergabelstapler (Seitenstapler)
R = Einachsschlepper
S = Schubgabelstapler
T = Transitroller
U = Gabelhubwagen
V = Gabelhochhubwagen
W = Plattformwagen
X = Schwenkgerüst-Dreiseitenstapler
Y = Vierwege- und Mehrwegestapler
Z = Zweiachsschlepper.

Hauptgruppen:

Hauptgruppe 1 **Handgeräte**

HG Hand-Gabelstapler
HH Hand-Hochhubwagen (mit Plattform)
HV Hand-Gabelhochhubwagen
HP Hand-Spreizenstapler
HN Hand-Hubwagen (Niederhubwagen mit Plattform)
HU Hand-Gabelhubwagen

Hand-Gabelhubwagen

Hubwagen haben in der Regel eine Tragfähigkeit zwischen 1 500 und 2 500 Kilogramm. Die Gabelzinken haben meistens eine Länge von 1 150 Millimetern. Die Lasten können lediglich Freigehoben werden. Hubwagen gibt es auch in kurzen und langen Varianten. Es gibt Hubwagen mit einer Tragfähigkeit bis zu 10 Tonnen. Ausführungen mit motorgetriebenem Hub, Antrieb oder eingebauter Wiegeeinrichtung gibt es auch.

Mit Scherenhubwagen können Lasten bis ca. 1,5 Meter angehoben werden.

Hauptgruppe 2 **Benzin- und Treibgasgeräte**

Benzin-Fahrersitz-Gabelstapler
BFG

Treibgas-Fahrersitz-Gabelstapler
TFG

Flurförderzeuge mit Benzin- oder Treibgasantrieb stoßen gesundheitsschädliche Abgase aus, diese dürfen die in der TRGS 900 (Technische Regeln für Gefahrstoffe) genannten Grenzwerte nicht übersteigen. Diese Geräte dürfen nur im Freien oder an gut durchlüfteten Arbeitsplätzen eingesetzt werden. Es gibt sie in verschiedensten Ausführungen und mit Anbaugeräten für viele verschiedene Einsatzbereiche.

Hauptgruppe 3

Diesel-Fahrersitz-Gabelstapler

Dieselgeräte

DFG Diesel-Fahrersitz-Gabelstapler
DFQ Diesel-Fahrersitz-Quergabelstapler
DFF Diesel-Fahrersitz-Portalhubwagen
DFE Diesel-Fahrersitz-Portalstapler
DFZ Diesel-Fahrersitz-(Zweiachs) Schlepper
DFA Diesel-Fahrersitz-Sattelschlepper
DFW Diesel-Fahrersitz-Plattform (ohne Hub)
DFGG Diesel-Fahrersitz-Gelände-Gabelstapler

Diese Geräte unterscheiden sich im Wesentlichen nur durch die Art des Antriebs, also dem Dieselmotor, von den Benzin- und Treibgasgeräten. Es gibt sie in der gleichen Einsatzvielfalt.

Hauptgruppe 4

Elektro-Geh-(Niederhub)-wagen

Elektro-Geh-Geräte

EGG Elektro-Geh-Gabelstapler
EGV Elektro-Geh-Gabelhochhubwagen
EGI Elektro-Geh-Initial-Gabelhochhubwagen
EGP Elektro-Geh-Spreizenstapler
EGH Elektro-Geh-Hochhubwagen (mit Plattform)
EGS Elektro-Geh-Schubgabelstapler (Gabelvorschub)
EGM Elektro-Geh-Schubmaststapler
EGY Elektro-Geh-Vierwegestapler und Mehrwegestapler
EGN Elektro-Geh- (Niederhub)wagen (mit Rahmen oder Plattform)
EGU Elektro-Geh-Gabelhubwagen
EGW Elektro-Geh-Plattformwagen (ohne Hub)
EGR Elektro-Geh-Einachs-Schlepper
EGZ Elektro-Geh-(Zweiachs) Schlepper
EGA Elektro-Geh-Sattelschlepper

Diese Geräte werden über eine Deichsel, die mit dem Antriebsrad verbunden ist, gelenkt. An der Deichsel angebracht sind die Bedienelemente für das Bewegen des Gerätes und für den Hub. Eingesetzt werden diese Geräte hauptsächlich dort, wo Lasten bis zu 2 500 kg über kurze bis mittlere Strecken transportiert werden. Für die Benutzung dieser Geräte ist eine Sicherheits- und Bedienungsunterweisung vorgeschrieben. Aufgrund der niedrigen Hubhöhe sind diese Geräte lediglich für das horizontale Verfahren freigehobener Lasten geeignet. Wegen der geringen Bodenfreiheit und der kleinen Räder sind sie auch nur bedingt auf unebenen Untergründen (z.B. Betriebshof) einsetzbar. Es gibt auch Ausführungen mit Teleskopmast mit denen Lasten auch auf Höhen von bis zu 5 m über Flur angehoben werden können, um z.B. Regale zu beschicken.

Hauptgruppe 5

Elektro-Stand-Gabelstapler

Elektro-Stand-Geräte

ESG Elektro-Stand-Gabelstapler
ESH Elektro-Stand-Hochhubwagen (mit Plattform)
ESV Elektro-Stand-Gabelhochhubwagen
ESI Elektro-Stand-Initial-Gabelhochhubwagen
ESS Elektro-Stand-Schubgabelstapler (Gabelvorschub)
ESM Elektro-Stand-Schubmaststapler
ESQ Elektro-Stand-Quergabelstapler
ESY Elektro-Stand-Vierwegestapler und Mehrwegstapler
ESN Elektro-Stand-Niederhubwagen (m. Rahmen oder Plattform)
ESP Elektro-Stand-Spreizenstapler
ESU Elektro-Stand-Gabelhubwagen
ESW Elektro-Stand-Plattformwagen (ohne Hub)
EST Elektro-Stand-Transitroller
ESZ Elektro-Stand-(Zweiachs) Schlepper
ESA Elektro-Stand-Sattelschlepper

Diese Geräte können allgemein Lasten bis 2 500 kg freiheben. Diese Geräte werden eingesetzt, wenn Lasten über mittlere bis lange Distanzen befördert werden müssen. Zum Einsatz kommen diese Geräte aber auch bei der Be- und Entladung von Fahrzeugen, da durch die schmale Bauart (weniger als 800 mm) auch auf engstem Raum gearbeitet werden kann. Dadurch können beispielsweise Paletten in Doppelstock-Fahrzeuge verladen werden.

Hauptgruppe 6

Elektro-Fahrersitz-Gabelstapler

Elektro-Fahrersitz-Geräte

EFG Elektro-Fahrersitz-Gabelstapler
EFS Elektro-Fahrersitz- Schubgabelstapler (Gabelvorschub)
EFM Elektro-Fahrersitz-Schubmaststapler
EFH Elektro-Fahrersitz-Hochhubwagen (mit Plattform)
EFI Elektro-Fahrersitz-Initial-Gabelhochhubwagen
EFP Elektro-Fahrersitz-Spreizenstapler
EFB Elektro-Fahrersitz-Seitenstapler (mit Teleskopgabel)
EFV Elektro-Fahrersitz-Gabelhochhubwagen
EFC Elektro-Fahrersitz-C-Gabel-Dreiseitenstapler
EFX Elektro-Fahrersitz-Schwenkmaststapler
EFL Elektro-Fahrersitz-Dreiseitenstapler
EFQ Elektro-Fahrersitz-Quergabelstapler
EFY Elektro-Fahrersitz-Vierwegestapler und Mehrwegstapler
EFN Elektro-Fahrersitz-Niederhubwagen (mit Plattform)
EFU Elektro-Fahrersitz-Gabelhubwagen
EFW Elektro-Fahrersitz-Plattformwagen (ohne Hub)
EFT Elektro-Fahrersitz-Transitroller
EFZ Elektro-Fahrersitz-(Zweiachs-) Schlepper
EFA Elektro-Fahrersitz-Sattelschleppe

Diese Geräte haben die gleiche Einsatzvielfalt, wie die der Hauptgruppe 2 und 3. Auch die Einsatzmöglichkeiten der entsprechenden Anbaugeräte sind gegeben.

Der wesentliche Vorteil durch den Elektromotor ist der Einsatz in geschlossenen Räumlichkeiten, da es keinerlei Emmissionen gibt.

Mit den entsprechenden Explosionsschutzmaßnahmen ist hier auch der Einsatz in Bereichen mit Gefahrstoffen und gefährdenden Atmosphären gefahrlos möglich

Hauptgruppe 7

Kommissioniergeräte

EKH	Elektro-Kommissionier-Plattformhochhubwagen
EKV	Elektro-Kommissionier-Gabelhochhubwagen
EKP	Elektro-Kommissionier-Spreizenstapler
EKG	Elektro-Kommissionier-Gabelstapler
EKL	Elektro-Kommissionier-Dreiseitenstapler (mit Schwenkschubgabel)
EKB	Elektro-Kommissionier-Seitenstapler (mit Teleskopgabel)
EKU	Elektro-Kommissionier-Gabelhubwagen
EKN	Elektro-Kommissionier-(Plattform) Hubwagen

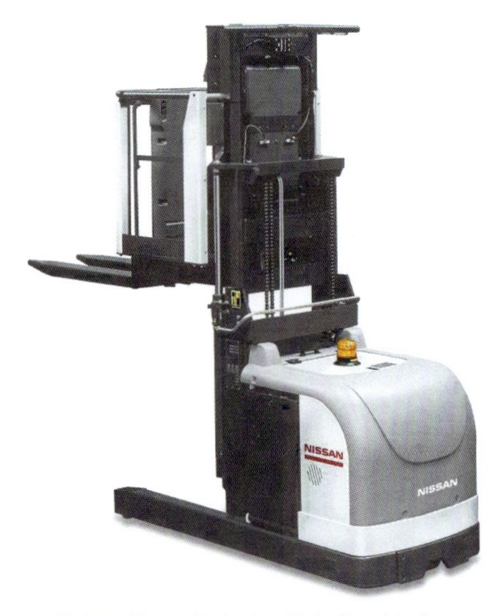

Elektro-Kommissionier-Gabelhochhubwagen

Kommissioniergeräte sind speziell für Kommissioniervorgänge konstruiert. Der Fahrer braucht für die Materialentnahme vom Lagerplatz das Fahrzeug nicht zu verlassen und kann die kommissionierte Ware direkt auf der mitgeführten Palette ablegen. Diese Geräte können die Fahrerplattform in der Regel anheben, um auch in Höhen von über 1,75 m ein ergonomisches Arbeiten zu gestatten.

3.3 Aufbau des Gabelstaplers

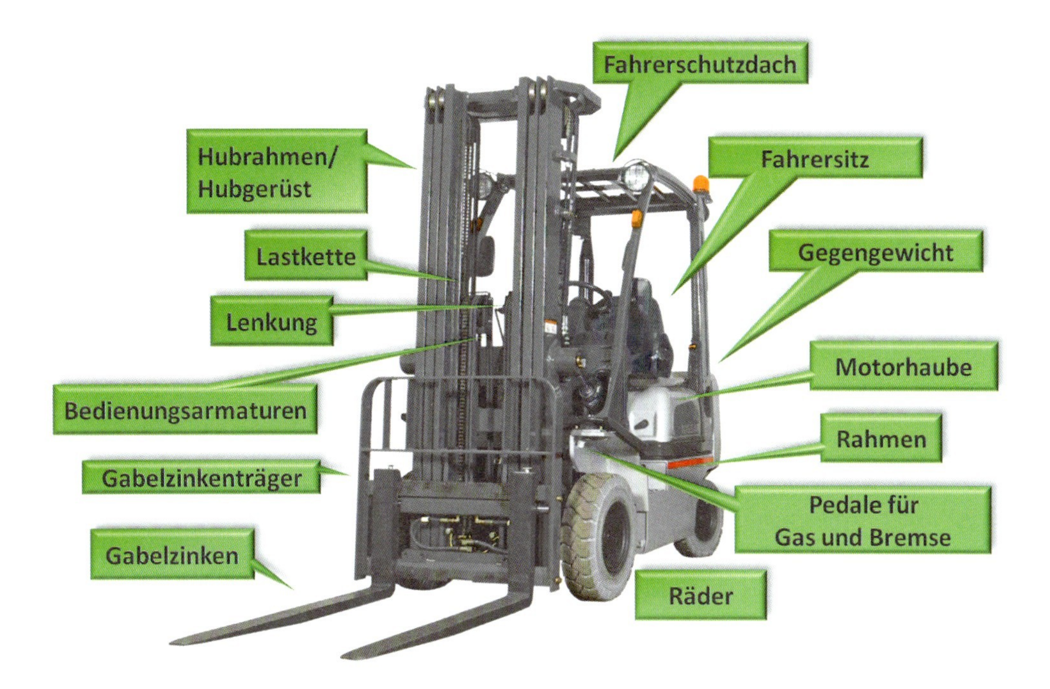

Der Staplerrahmen

Der Staplerrahmen besteht aus dem **tragenden Rahmengestell** aus Profileisen und zur Verkleidung aus Stahlblechen. Am Staplerrahmen sind alle mechanischen, elektrischen und hydraulischen Bauteile auf- oder angebaut.

Das Anfahren an Hindernisse oder ein Zusammenstoß kann zu Verformungen und Rissbildungen führen. Der Stapler muss nach solchen Vorfällen durch Sichtkontrolle auf Beschädigungen überprüft werden. Reparaturen dürfen nur von einem Fachmann durchgeführt werden.

Das Gegengewicht

Das Gegengewicht (Kontergewicht) dient der **Erhöhung der Standsicherheit** des Staplers. Das Gegengewicht darf nicht verändert werden.

Bei Elektrostaplern trägt die Batterie mit zu diesem Gegengewicht bei.

Das Fahrwerk

Es besteht aus:

den Achsen:

Die **Vorderachse** ist meist die Antriebsachse des Staplers und als Starrachse ausgeführt. Damit ein problemloses Kurvenfahren möglich ist, benötigt sie ein Ausgleichsgetriebe (Differential).

Die **Hinterachse** ist die Lenkachse des Staplers. Dies hat den Vorteil, dass ein geringerer Wendekreis erreicht wird.

der Lenkung:

Beim Stapler werden mechanische Lenkungen mit hydraulischer Unterstützung (Servolenkung) oder rein hydraulische Lenkungen verwendet.

Es kommen **Drehschemellenkungen** und **Achsschenkellenkungen** zum Einsatz. Diese werden im Absatz 3.7 und 5.7 näher erläutert.

der Bereifung:

Wie bei jedem Fahrzeug hängt die Fahrsicherheit von der Bereifung ab, da diese die Kräfte auf die Fahrbahn übertragen. Sie müssen die Gesamtlast des Staplers tragen und wirken gleichzeitig als Federungselement.

Die wichtigsten Anforderungen der Hersteller und Betreiber an Reifen sind:

- hohe Tragfähigkeit bei kleinen Abmessungen
- geringer Rollwiderstand
- große Standsicherheit
- guter Fahrkomfort
- hohe Laufleistung

Aufgrund der Vielzahl von Flurförderzeug-Bauarten gibt es unterschiedliche Reifenkonstruktionen und Ausführungen:

Luftreifen

Luftreifen werden wie bei Straßenfahrzeugen auf Felgen gezogen und mit Luft gefüllt. Die Ausführungsform richtet sich nach der erforderlichen Tragfähigkeit und den vertretbaren Abmessungen.

Die **Vorteile** der Luftbereifung liegen vor allem in der **besseren Federungseigenschaft**. Die **Nachteile** liegen in der **Anfälligkeit** gegenüber **mechanischer Beschädigung** (Schnitte, Risse, Beulen). Die ständige Kontrolle des Luftdruckes ist erforderlich. Der Reifendruck ist laut Betriebsanleitung einzufüllen (ca. 6 – 10 bar).

Falscher Luftdruck erhöht den Reifenverschleiß und mindert die Standfähigkeit des Staplers und erhöht somit die Kippgefahr. Daher müssen Reifen regelmäßig auf Beschädigungen und Luftdruck kontrolliert werden.

Solidreifen

Solidreifen, auch Superelastikreifen genannt, sind Vollreifen, die auf Felgen für Luftreifen montiert werden. Solidreifen sind üblicherweise dreiteilig aufgebaut:

- ein Festigkeitsträger – eine härtere Gummimischung – dient zum festen Sitz auf der Felge und liegt im Reifenfuß eingebettet;
- darüber angeordnet ist ein Kissen größerer Elastizität, welches zum einen die Fahrbahnstöße absorbiert und somit den Fahrkomfort erhöht, zum anderen den Rollwiderstand und damit die Temperaturentwicklung vermindert;
- auf dem Kissen lagert die Lauffläche aus abriebfestem und schnittfestem Gummi.

Die Verwendung setzt befestigte Fahrbahnen ausreichender Tragfähigkeit voraus.

Die **Vorteile** liegen in der **Pannensicherheit** und der **Wartungsfreiheit**. Sie sind besonders geeignet bei Anforderungen an erhöhter Standsicherheit z.B. Verwendung eines Arbeitskorbes.

Vollgummireifen

Vollgummireifen sind Reifen, deren gesamtes Reifenkissen auf einem homogenen, zähharten Elastomer geringer Einfederung und unprofilierter Lauffläche besteht. Die Reifen zeichnen sich aus durch:

- geringe Abmessungen bei hoher Tragfähigkeit
- hohe Standsicherheit
- geringer Rollwiderstand

Einfederung und Fahrkomfort sind gering. Somit eignen sich die Reifen für Fahrgeschwindigkeiten bis zu 16 km/h ausschließlich auf befestigten Fahrbahnen ausreichender Tragfähigkeit und ebener Oberfläche.

Polyurethan-Reifen

Diese Reifen sind mit einer **Füllung** aus **Polyurethanschaum** gefüllt. Der Fahrkomfort entspricht annähernd dem von Luftreifen. Wesentlicher Vorteil neben dem Fahrkomfort ist hier wie bei den Solidreifen die **Pannensicherheit** und **Wartungsfreiheit**. Im Vergleich mit anderen Solidreifen haben sie ein geringeres Eigengewicht.

den Bremsen

Wie jedes Kraftfahrzeug benötigt auch der Stapler zwei voneinander unabhängig wirkende Bremsen (**Betriebsbremse** und **Feststell-bremse**).

Die Betriebsbremse ist die Fußbremse und wirkt hydraulisch betätigt auf die Antriebsräder.

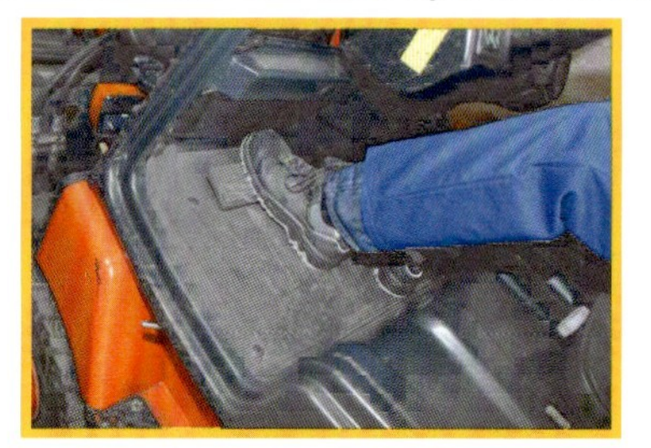

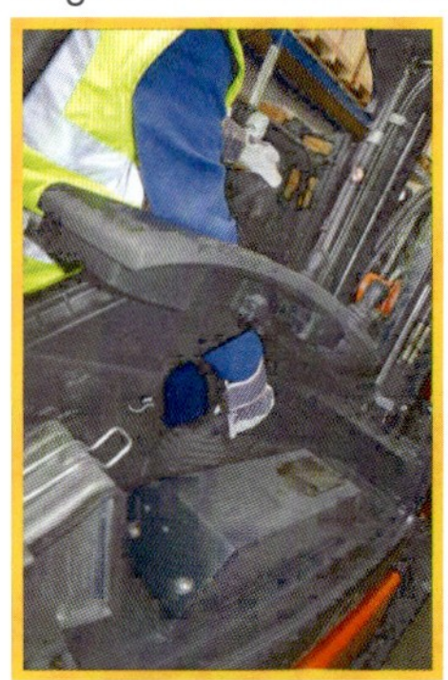

Die **Feststellbremse** ist die **Handbremse**. Sie wirkt ebenfalls auf die Antriebsräder und wird mechanisch (Seilzug oder Gestänge) betätigt.

Die Feststellbremse dient zur **Absicherung gegen Wegrollen** bei folgenden Arbeiten:

- Hochheben der Last
- Absetzen der Last
- Abstellen des Staplers
- Einsatz eines Arbeitskorbes

den Pedalen

neben dem Pedal für die Betriebsbremse befindet sich hier das Pedal für den Antrieb. Es kann ein Pedal zum Einsatz kommen oder zwei. Dann ist ein Pedal für die Vorwärts- und eins für die Rückwärtsfahrt. Bei einem Pedal wird die Vorwärts- oder Rückwärtsfahrt über einen Umstellhebel vorgewählt.

Das Hubgerüst

Es besteht aus:

Hubmast

Der Hubmast besteht aus Stahlprofilen, die durch Querträger zu einem tragfähigen Rahmen verbunden werden. Aufgrund der Verstellbarkeit des Hubgerüstes unterscheidet man:

Freihub

Der Freihub ist als Höhenangabe bei Hubgerüsten zu finden. Sie entspricht der **maximalen Hubhöhe**, die ein Lastträger angehoben werden kann, **ohne dass sich die Bauhöhe verändert**. Diese Angabe ist wichtig, um die größte Stapelhöhe in niedrigen Räumen zu ermitteln.

Hubketten

Die Hubketten sind die Übertragungseinheit zwischen Hubzylinder und Gabelträger. Sie dienen also zum **Heben und Senken des Gabelträgers**. Aus Sicherheitsgründen werden bei den meisten Hubgerüsten zwei Hubketten verwendet.

Man unterscheidet zwischen einfachen **Rollenketten** und **Mehrgliederketten** (Flyerketten).

Bei den Ketten ist auf richtige Wartung entsprechend der Betriebsanleitung zu achten. Die maximale Dehnung darf nicht mehr als 3% betragen.

Hubhydraulik

Die hydraulische Anlage am Stapler dient vorwiegend zum Bewegen des Hubgerüstes. Die Staplerhydraulik besteht meistens aus zwei Bewegungssystemen:

- der **Hubhydraulik** (Hubzylinder) und
- der **Neigehydraulik** (Neigezylinder)

ggf. kann vorhanden sein:

- hydraulischer Seitenverschub
- hydraulische Gabelverstellung

Die Hubzylinder sind entweder im Sichtbereich des Staplerfahrers oder seitlich am Hubrahmen angebracht.

Gabelträger

Am Gabelträger sind die Gabelzinken oder Anbaugeräte befestigt. Am Gabelträger müssen Einrichtungen vorhanden sein, die ein unbeabsichtigtes seitliches Verschieben der Gabelzinken verhindern.

Lastaufnahmemittel

Lastaufnahmemittel dienen dazu, sowohl einfache als auch sperrige, unförmige Lasten zu transportieren. Da es unterschiedliche Lasten gibt, gibt es auch unterschiedliche Lastaufnahmemittel.

Gabelzinken

Aufgrund des universellen Einsatzes sind Gabelzinken die gebräuchlichsten Lastaufnahmemittel. Gabelzinken sind auf dem Gabelträger entweder von Hand aus oder hydraulisch verschiebbar angebracht, damit sie der jeweiligen Last angepasst werden können. Die Gabeln müssen gegen seitliches Verschieben abgesichert sein.

Lastschutzgitter

Das Lastschutzgitter ist am Gabelträger angebracht und **verhindert** beim Wegfahren bzw. beim **Zurückneigen** des Hubgerüstes ein **Zurückstürzen der Last**, wenn diese über die Gabelträgeroberkante hinausragt.

Hupe

Die Hupe dient zur **Kontaktaufnahme** mit anderen Personen und zur **Warnung** vor Gefahren. Die Hupe muss so laut sein, dass sie im allgemeinen Betriebslärm nicht „untergeht".

Beleuchtung

Bei **unzureichender Sicht** ist die Beleuchtung einzuschalten. Es muss die Breite des Fahrzeuges bzw. des Ladegutes ausgeleuchtet werden.

Zündschlüssel

Gegen **unbefugte Inbetriebnahme** ist der Zündschlüssel abzuziehen und sicher zu verwahren.

Bedienungseinrichtungen

Je nach Staplertyp befinden sich noch eine Reihe weiterer Bedienungselemente und Anzeigen in der Fahrerkabine.

Diverse Schalter für entsprechende Einrichtungen, wie z.B. Scheibenwischer, Rundumleuchte oder Heizung, aber vor allem die Bedienungseinrichtungen für das Hubgerüst.

3.4 Fabrikschild / Typenschild

Im Bereich der Flurförderzeuge gibt es die verschiedensten Hersteller, doch alle müssen am Stapler ein Fabrikschild / Typenschild anbringen.

Pflichtangaben auf dem Typenschild:

- Herstellerangaben
- Typ
- Baujahr
- Nenn-Tragfähigkeit
- Fabriknummer
- Leergewicht
- Konformitätszeichen
- Weitere: Hubwerktyp, Hubhöhe, Bereifung, Batteriegewicht und Batteriespannung

Darüber hinaus können Angaben über den Hubwerktyp, die Hubhöhe und die Bereifung angegeben sein.
Bei elektrisch betriebenen Flurförderzeugen wird das Batteriegewicht und die Batteriespannung angegeben.
Dies sind alles notwendige Informationen die Sie benötigen, um sich auf Ihr Fahrzeug einstellen zu können. Neben dem Flurförderzeug müssen auch **ALLE** Anbaugeräte mit einem Fabrik- bzw. Typenschild ausgestattet sein.
Das **CE**-Zeichen auf dem Typenschild gewährleistet die Sicherheit des Geräts gem. § 3 der 9. ProdSV bei ordnungsgemäßer Installation, Verwendung und Wartung des Geräts.

3.5 Fahrerrückhalteeinrichtungen

Jedes Jahr passieren tödliche Unfälle durch Umkippen des Gabelstaplers. Die Ursachen sind in der Regel zu schnelle Kurvenfahrten oder Fahren mit angehobener Last. Häufig werden die Fahrer verletzt oder getötet, weil sie beim Umkippen des Staplers aus dem Sitz geschleudert werden oder beim Versuch des Abspringens vom Fahrerschutzdach erschlagen werden. Durch qualifizierte Ausbildung und regelmäßige Unterweisung des Fahrers, sowie die bestimmungsgemäße Verwendung des Staplers, können solche Unfälle vermieden werden. Seit 1998 sind alle neuen Gabelstapler mit so genannten Fahrerrückhalteeinrichtungen ausgestattet. Geräte, die vor Dezember 1998 gebaut wurden, waren bis zum Dezember 2002 nachzurüsten.

Technische Möglichkeiten:

- **geschlossene Fahrerkabine / Fahrerschutzdach**

Das Fahrerschutzdach ist über dem Fahrersitz angebracht. Es dient dazu, den Fahrer vor herabfallenden Lasten und bei Überrollen oder Kippen zu schützen. Ein Fahrerschutzdach ist dann notwendig, wenn die Möglichkeit besteht, dass Staplerfahrer beim Stapelvorgang durch herabfallende Güter gefährdet werden. Wird der Stapler ausschließlich oder vorwiegend im Freien verwendet, sollte eine geschlossene Fahrerkabine verwendet werden.

Rückhalteeinrichtung die bewirkt, dass der Fahrer im Sitz gehalten wird

Seitliche Rückhalteeinrichtungen, die ein Herausfallen des Fahrers sicher verhindern. Bei diesen Einrichtungen kann der Fahrer ggf. kurzzeitig auf das Anlegen des Sicherheitsgurtes verzichten. Dies ist dann besonders sinnvoll, wenn der Fahrer häufig kurzfristig ein- und aussteigen muss, um andere Tätigkeiten im Zusammenhang mit der Staplertätigkeit durchzuführen bzw. häufig rückwärtsfahren muss. Dies sollte auf jeden Fall in der Betriebsanweisung ausdrücklich genehmigt werden.

Verwendung von Beckengurten

Zum Schutz des Fahrers vor unfallbedingten Schäden durch Herausfallen bzw. Stoßverletzungen durch Anschlagen am Rahmen oder der Scheibe.

Einrichtungen, die das Kippen des Staplers vermindern, aber nicht verhindern (Fahrstabilisator)

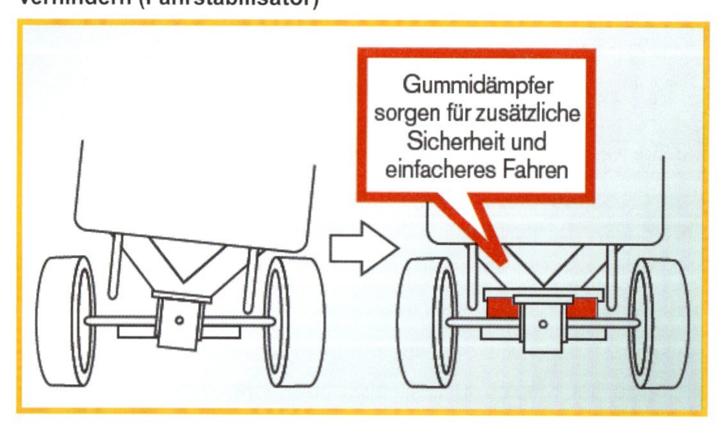

- Sensoren in der Lenkung, durch die die Geschwindigkeit bei der Kurvenfahrt verringert wird

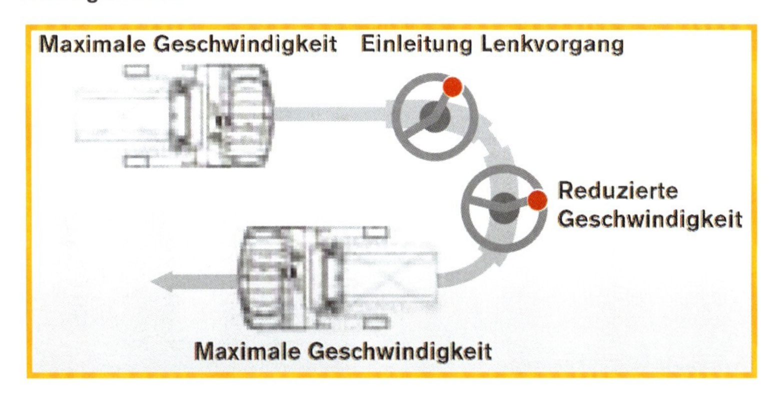

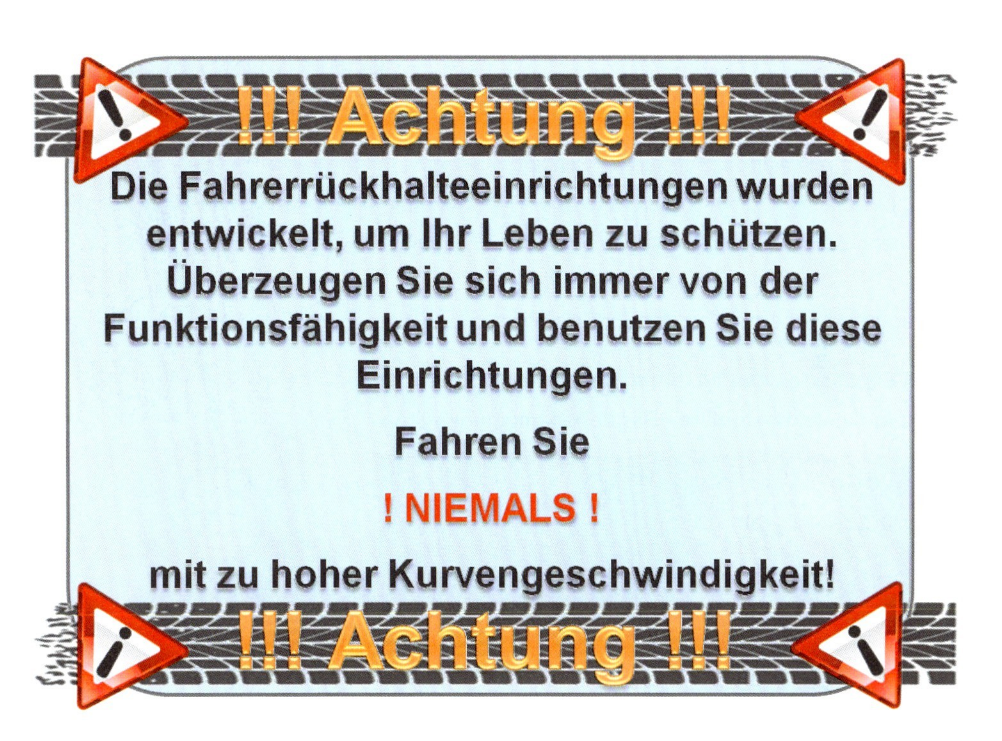

3.6 Betrieb in feuer- und explosionsgefährdeten Bereichen

Im Bereich der chemischen oder mit entzündbaren Stoffen arbeitenden Industrie (z.B. Raffinerien) ist oft der Einsatz des Gabelstaplers in explosionsgefährdeten Bereichen erforderlich. Sie müssen beachten, dass nur feuer- und explosionsgeschützte Gabelstapler zum Einsatz kommen. Für diese Arbeiten verwendet man speziell ausgerüstete Flurförderzeuge. Bei diesen Staplern sind die elektrischen Bauteile besonders isoliert, um ein Eindringen von explosiven Gemischen zu verhindern bzw. jede Funkenbildung zu vermeiden. Diese Stapler sind mit speziellen Dreikantschrauben ausgerüstet, die nur von einem Fachmann geöffnet werden dürfen. Die Gabeln sind aus Spezialstahl hergestellt und mit einer eigenen Messinglegierung überzogen. Dies soll verhindern, dass elektrostatische Aufladung und somit Schlagfunken entstehen. Alle Bauteile, die sich aufgrund ihrer Eigenschaften elektrostatisch aufladen könnten, z.B. der Fahrersitz, sind aus antistatischen Materialien hergestellt.

Die Stapler erkennen Sie an den Ex-Zeichen:

Finden Sie das Zeichen an Ihrem Stapler, ist er für den Betrieb in diesen besonderen Bereichen geeignet.

3.7 Lenkung

Wenn Sie glauben, Staplerfahren sei wie Autofahren, dann irren Sie sich:

Ein Gabelstapler ist kein PKW!!!

Das behalten Sie bitte stets im Hinterkopf. Warum? Ganz einfach:

Die Lenkung bei einem Vier-Rad-Stapler erfolgt über die hintere Achse **(Achsschenkellenkung)**;

bei einem Drei-Rad-Stapler über das Hinterrad **(Drehschemellenkung)**. Diese völlig andere Art der Lenkung unterscheidet den Gabelstapler von allen anderen gängigen Fahrzeugen.

Die Lenkbewegung wird ausschließlich über eine Hydraulik auf die Lenkräder übertragen. Dadurch gibt es keinen direkten Bezug von Lenkradbewegung zu Lenkausschlag der Lenkräder. Schon kleine Lenkbewegungen erzeugen eine große Wirkung auf den Lenkradius. Die Lenkräder lassen sich sehr weit einschlagen, um einen sehr kleinen Wenderadius zu ermöglichen. Dadurch existiert aber eine extreme Kippgefahr!

Das bedeutet, dass Sie Gabelstapler mit großer Vorsicht bewegen sollten (siehe auch Kapitel 5.7).

!!! Achtung !!!

Beim Lenken schert der Stapler hinten aus! Beachten Sie, dass in Kurven erhöhte Kippgefahr bei scharfer Lenkung droht. Die Kippgefahr sinkt, sobald Sie eine Last aufnehmen. Trotzdem ist beim Lenken mit größter Sorgfalt vorzugehen!

!!! Achtung !!!

3.8 Anbaugeräte

In manchen Betrieben kommt man mit der einfachen Bauweise eines Gabelstaplers (Gabelzinken) nicht aus. Für Lasten mit besonderer Beschaffenheit gibt es spezielle Anbaugeräte, die an Stelle der Gabelzinken befestigt werden können. Durch diese Anbaugeräte wird die Einsatzmöglichkeit erheblich erhöht.

Bei allen Anbaugeräten ist es wichtig abzuklären, ob der eingesetzte Staplertyp für das gewünschte Anbaugerät geeignet und zugelassen ist.

Der Staplerfahrer muss in das Anbaugerät, seine Bedienung und die veränderten Eigenschaften des Staplers vor dem Einsatz unterwiesen und beauftragt worden sein. Idealerweise werden die Anbaugeräte nach erfolgter Unterweisung in den Berechtigungsschein des Staplerfahrers eingetragen.

Auf jeden Fall ist zu beachten, dass sich die aufzunehmende Last um das Gewicht des Anbaugerätes reduziert. Weiterhin muss beachtet werden, ob mit dem Anbau des zusätzlichen Gerätes ein verändertes Traglastdiagramm zum Einsatz kommt.

Es gibt eine Vielzahl von Anbaugeräten mit den unterschiedlichsten Einsatzzwecken. Eine vollständige Darstellung sprengt den Rahmen dieses Lehrbuches. Neben den auf den nächsten Seiten dargestellten gibt es z.B. noch:

- Behälter in den verschiedensten Varianten starr und kippbar
- Besen und Kehrschaufel
- Schneeschilde und Streubehälter
- Traversen für unterschiedlichste Hebevorgänge
- Halte- und Transportvorrichtungen für Langhölzer, Bretter, Rohre, etc.

Grundsätzlich lassen sich die Anbaugeräte in zwei Arten unterscheiden:

- **statische Anbaugeräte** (Geräte ohne Eigenbewegung)
- **dynamische Anbaugeräte** (Geräte mit Eigenbewegung)

Einige Beispiele für **statische Anbaugeräte**:

Gabelverlängerung

Gabelverlängerung

Gabelverlängerungen („Gabelschuhe") werden über die normalen Gabelzinken gezogen und mit entsprechenden Arretiervorrichtungen gesichert.

Sie ermöglichen die Aufnahme längerer Lasten bzw. lassen die Beladung von normal großem Ladegut auf Lkw von einer Seite zu ohne Schieben zu müssen. Dies ist insbesondere bei der Verwendung von rutschhemmenden Hilfsmitteln („Antirutschmatten") zur Ladungssicherung erforderlich.

Eine besondere Bauweise sind die **Schubgabeln.** Diese sind als eine besondere Bauweise der Gabelzinken montiert. Hier kann der Fahrer aus dem Fahrerhaus die Länge der Gabelzinken hydraulisch verändern.

Gabelzinkenverstellungen, hydraulisch

Unterschiedliche Größe von Lasten bzw. unterschiedliche Aufnahmemöglichkeiten an den Lasten machen häufig ein Verstellen des Gabelzinkenabstandes erforderlich. Grundsätzlich lassen sich alle Gabelzinken manuell durch den Fahrer verstellen. Bei häufiger Verstellnotwendigkeit bietet sich zur Zeitersparnis und Vermeidung von Arbeitsunfällen eine hydraulische Verstellung, bedienbar vom Fahrersitz aus, an.

In den meisten Fällen lassen sich die Gabelzinken dann auch komplett seitlich verschieben. Dies ermöglicht z.B. das genaue positionieren von Ladegut in Regalen oder auf Fahrzeugen.

Tragdorne

Tragdorne sind immer dann erforderlich, wenn Ladegüter nicht auf Ladehilfsmitten befestigt sind, die dann mit den Gabelzinken normal aufgenommen werden könnten.

Diese Ladegüter müssen dann allerdings innen hohl sein. Das trifft für Betonfertigteile für den Kanalbau zu, oder alle Rohre, Drahtrollen, gewickelte Blechrollen, große Papierrollen oder Kabeltrommeln zu.

Kranarme

Mit Kranarmen können mit Gabelstaplern hängende Lasten aufgenommen und befördert werden. Zur Befestigung der Last dient entweder eine spezielle Arretierung oder ein Kranhaken.

Einige Beispiele für **dynamische Anbaugeräte**:

lastschließende Klammern

Lastschließende Klammern kommen zum Einsatz, wenn z.B. keine unterstützenden Ladehilfsmittel wie Paletten vorhanden sind. Mit Hilfe der Hydraulik kann die Klemmkraft dosiert eingestellt und an die Last angepasst werden. So gibt es z.B. auch Fassklammern, Ballenklammern, Rollenklammern oder Steinklammern.

Schubhydraulik

Eine Schubhydraulik ist ein weiteres Anbaugerät mit dem Lasten über die Gabelzinken in ein Regal oder auf eine Ladefläche geschoben werden können.

Hier gibt es wiederum unterschiedliche Bauvarianten, z.B. auch mit Gabelzinken die gleichzeitig hydraulisch verlängert bzw. verkürzt werden.

Mehrpalettengabel

Mit diesem Anbaugerät können je nach Bauweise mehrere Paletten gleichzeitig in der Breite als auch in der Tiefe aufgenommen werden. Dies ermöglicht bei bestimmten Lasten eine schnelle und rationelle Be-und Entladung von Fahrzeugen bzw. eine entsprechende Ein- und Auslagerung.

Rohrklammern

Rohrklammern sind eine weitere Bauform der lastschließenden Klammern. Häufig haben diese Klammern auch die Möglichkeit, die Lasten zu drehen.

Reifenklammern

Reifenklammern kommen bei sehr großen und schweren Reifen zur Ein- und Auslagerung, zur Be- und Entladung von Transportfahrzeugen und im Rahmen der Montage solcher Reifen zum Einsatz.

Drehgeräte

Drehgeräte sind in der Lage bestimmte Lasten liegend aufzunehmen und aufzurichten bzw. umgekehrt. Eine spezielle Bauweise sind die **Kippgeräte**. Damit lassen sich Inhalte von Behältnissen ausschütten bzw. kann man damit in Produktionsprozessen Behältnisse befüllen und entleeren bzw. umfüllen. Das macht man sich insbesondere in der Metallverarbeitung zu Nutze beim Umfüllen von flüssig heißen Rohprodukten oder bei der Zumischung von notwendigen Zuschlägen in Schmelzöfen.

Schaufel

Anstelle von speziellen Arbeits- oder Baumaschinen können Gabelstapler auch mit einer Anbauschaufel zum Bewegen von schüttfähigen Gütern verwendet werden. Der Einsatz ist vielfältig. Neben den klassischen Gütern wie Sand, Kies, Erde können auch verschiedenste Pulver, Granulate oder körnerartige Stoffe aufgenommen und verfahren werden.

4. Antriebsarten

Angetrieben wird der Gabelstapler entweder durch einen **Elektromotor**, durch einen **Dieselmotor** oder durch einen **Benzin**- oder **Treibgasmotor**.

4.1 Besonderheiten bei elektrisch betriebenen Gabelstaplern

Elektrisch betriebene Stapler nehmen zwar **weniger Last** auf, eignen sich dafür aber für den **Betrieb in geschlossenen Räumen**, da keine Schadstoffe (Abgase) zu Stande kommen und diese Stapler sehr geräuscharm sind. Die **Batterie** eines Elektrostaplers dient neben der **Energieversorgung** auch als **Gegengewicht**. Bei modernen Batteriesätzen wird heute die Bauart der **Panzerplattenbatterie** (Gitter- oder Röhrenplatten) verwendet. Die Nennspannung beträgt 24 V, 36 V, 48 V, 72 V oder 80 V. Diese Batterien haben eine **hohe Stromstärke**, einen **hohen Wirkungsgrad** und sind **wartungsfreundlich**. Zum Einsatz neben den o.a. Säurebatterien kommen **NIFE-Akkus** (Nickel-Eisen-Akkumulatoren), diese sind mit **Kalilauge** gefüllt und haben eine **längere Lebensdauer**. Immer häufiger wird die Lithium-Ionen Technologie für Gabelstapler eingesetzt.

Als moderne und umweltfreundliche Energiequelle kommt auch immer mehr bei Gabelstaplern die Brennstoffzellentechnologie zum Einsatz. Hier wird die herkömmliche Batterie durch eine Brennstoffzelle und einen Wasserstoffvorratstank ersetzt. Lange Ausfallzeiten zum Laden des Staplers oder sogar ggf. ein Batteriewechsel entfallen. Der Fahrer muss nur rechtzeitig, wie auch bei den Kraftstoff- oder gasbetriebenen Staplern, an die Wasserstofftankstelle fahren und nachtanken. Die Tankzeit ist damit auch identisch.

Im Gegensatz zu einer herkömmlichen Batterie, deren Spannung abfällt, bleibt hier die Spannung konstant und damit die Leistungsfähigkeit des Staplers. Das wesentliche Plus ist die Umweltfreundlichkeit und der effektive Einsatz in geschlossenen Räumen. Es entstehen kein Kohlendioxid, keine Stickoxide und keine Feststoffpartikel wie Ruß, sondern nur Wasserdampf durch die Verbrennung des Wasserstoffs.

Vorrichtungen zum Antrieb eines Elektro-Gabelstaplers:

Säure-Batterie

Lithium-Ionen-Batterie

Gabelstapler mit Brennstoffzelle

Bei Ihrer Tätigkeit mit einem elektrisch betriebenen Stapler müssen Sie insbesondere folgende **Schutzmaßnahmen beim Laden der Batterie** beachten:

- Beachten Sie die Betriebsanleitung des Staplers und des Ladegerätes
- Frühzeitig laden!
- Fällt die Nennkapazität unter 20% kommt es zur Tiefenentladung und die Lebensdauer der Batterie verringert sich
- Vor dem Ladevorgang, Batterie auf äußerliche Schäden prüfen
- Batterie nur an das zugehörige Ladegerät anschließen
- Stapler mit der Ladestation verbinden, dann erst Ladegerät einschalten
- Wegen Kurzschlussgefahr, keine Werkzeuge auf der Batterie ablegen

- Bei Geräten mit "nicht-wartungsfreien-Batterien" Säuredichte mit dem Säureheber prüfen (gem. Betriebsanleitung)
- Vor dem Laden, Flüssigkeitsstand in der Batterie prüfen (Bleiplatten müssen bedeckt sein)
- Wenn nötig, Flüssigkeit auffüllen
  Beachte: Nur destilliertes Wasser benutzen!
- Beim Laden der Batterie für ausreichende Belüftung sorgen.
  Beim Ladevorgang kann Knallgas entstehen
  (Mischung aus Wasserstoff und Luft)
- Im Bereich der Ladestation offenes Licht und Rauchen verboten
- Nach dem Ladevorgang, Batteriepole mit Säure reinigen und einfetten (Säurefreies Fett).
  Überprüfen Sie die Pole auf festen Sitz

Ladestation

Batterie beim Laden

4.2 Besonderheiten bei dieselbetriebenen Gabelstaplern

Gabelstapler mit Dieselmotoren sind leistungsfähiger durch den höheren Wirkungsgrad als andere Antriebsarten und daher geeignet für **große Lasten**. Er erreicht eine lange Lebensdauer bei geringerem Wartungsbedarf. Da allerdings mit dem Einsatz eines Dieselstaplers auch der **Ausstoß von Emissionen** (Abgase: CO_2, Stickoxide) verbunden ist, ist der Einsatz in geschlossenen Lagerhallen nicht zu empfehlen und präventiv (vorbeugend) durch die UVV (Unfallverhütungsvorschrift) sogar verboten. Bei der Betankung von dieselbetriebenen Gabelstaplern achten Sie auf diese Sicherheitspunkte:

- Für gute Belüftung sorgen und keine Kraftstoffdämpfe einatmen
- Rauchverbot und Verbot von Feuer und offenem Licht
- Motor abstellen
- Geeigneten Kraftstoff verwenden
- Bei Entnahme aus Fässern oder Kanistern möglichst einen Trichter mit Sieb verwenden
- Übergelaufenen Kraftstoff mit geeigneten Bindemitteln/-tüchern aufnehmen und sicher entsorgen
- Tankdeckel verschließen

Die Vorrichtungen eines Dieselstaplers:

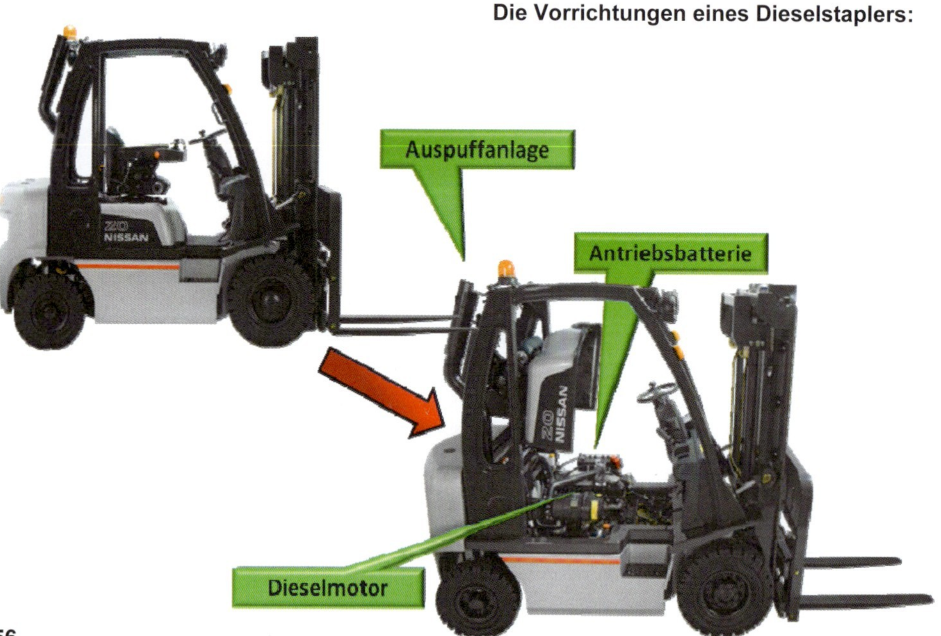

4.3 Besonderheiten bei benzin- oder gasbetriebenen Gabelstaplern

Neben den elektrisch- und diesel-betriebenen Gabelstaplern wurden in der Vergangenheit benzinbetriebene Motoren als Antrieb verwendet.

In der heutigen Zeit werden diese Motoren durch Gasantriebe (i.a.R. Flüssiggas) ersetzt. Treibgasmotoren sind auch für **große Lasten** geeignet. Da der **Abgasausstoß gering** bleibt, sind diese Fahrzeuge kurzzeitig für gut belüftete Hallen geeignet.

Die Kraftstoffversorgung der Geräte erfolgt durch auswechselbare Druckflaschen oder durch volumetrische Betankung, bei welcher das Gas flüssig aus einem Vorratstank in die Gasflasche des Staplers geleitet wird. Hierbei ist zu beachten, dass Flüssiggas mit Luft vermischt ein brennbares und explosives Gemisch bildet. Da Flüssiggas schwerer als Luft ist, dürfen gasbetriebene Fahrzeuge nicht in Anlagen mit Kellern und offenen Kanälen sowie in Feuerbetrieben eingesetzt werden.

Vorrichtungen eines Treibgasstaplers:

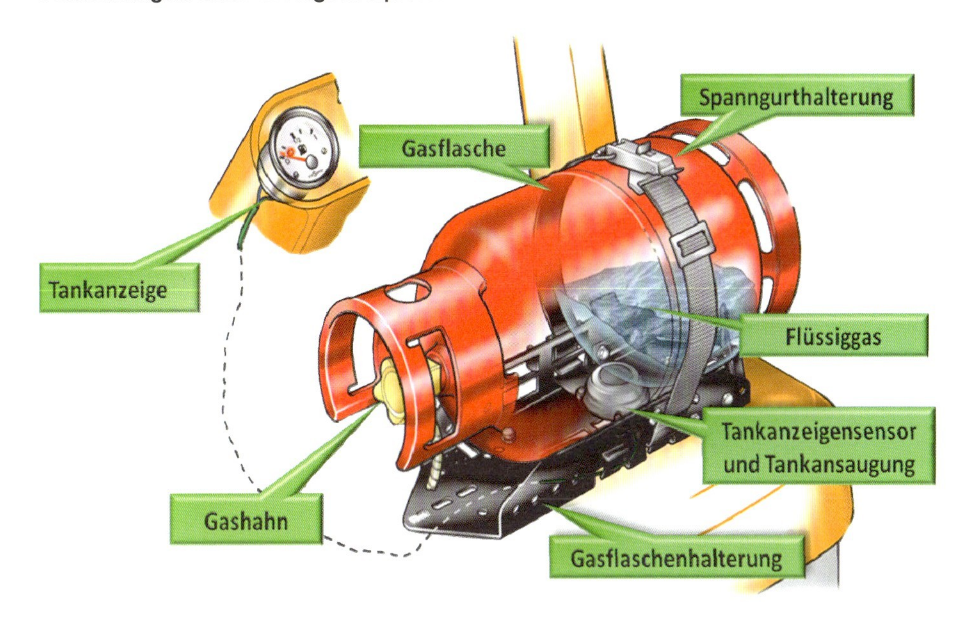

Vorgehensweise beim Wechsel der Gasflasche:

- Rauchverbot und Verbot von Feuer und offenem Licht beachten
- Gaszufuhr bei laufendem Motor absperren (Motor "stirbt ab")
- Zündung ausschalten
- Rohr-/Schlauchverbindungen lösen (Achtung: Linksgewinde!)
- Bei der neuen Flasche Anschlussstutzen und Gewinde kontrollieren, beim Anschließen auf festen Sitz kontrollieren
- Gaszufuhr langsam öffnen und Dichtheit kontrollieren (Seifenlauge oder Leckspray)
- Bei der Neuinstallation einer Gasflasche ist darauf zu achten, dass der Schlauch beim Anschluss nach unten zeigt. (Tauchrohr, Flüssigkeit wird angesaugt)

Vorgehensweise beim Betanken mit Flüssiggas:

- **Rauchverbot und Verbot von Feuer und offenem Licht beachten**
- **Zündung ausschalten**
- **Verschlusskappe vom Füllventil lösen und prüfen, ob Dichtung im Füllventil vorhanden ist**
- **Füllpistole fest und dicht am Tankstutzen anschließen**
- **Füllpistole betätigen, auf Dichtigkeit prüfen und Betankung überwachen**
- **Automatische Abschaltung durch Füllstandsbegrenzung abwarten**
- **Füllpistole vom Tankstutzen vorsichtig lösen. Achtung!! Druckentlastung**
- **Füllventil wieder mit der Verschlusskappe verschliessen**

4.4 Kraftübertragung

Für die Übertragung der Motorkraft kommen beim Gabelstapler überwiegend zwei Systeme zum Einsatz:

- die hydrodynamische Kraftübertragung
- die hydrostatische Kraftübertragung

Hydrodynamische Kraftübertragung

Der hydrodynamische Antrieb überträgt das Drehmoment durch bewegtes Öl. Bei geringer Motordrehzahl entsteht an der Ausgangswelle nahezu kein Drehmoment. Mit steigender Drehzahl steigt auch das Drehmoment und der Gabelstapler fährt an. Ein Stapler mit Drehmomentwandler benötigt ein Differenzial an der Antriebsachse.

Eine Flüssigkeit (Öl, Wasser, o. A.) wird von den Schaufeln des Pumpenrades erfasst und beschleunigt. Das Pumpenrad, das direkt vom Motor angetrieben wird, wandelt die mechanische Energie in Strömungsenergie um, es bildet die so genannte Primärseite. Das Turbinenrad, das bei reinen hydrodynamischen Getrieben direkt mit der Getriebewelle (Sekundärseite) verbunden ist, nimmt diese Strömungsenergie wieder auf und stellt mechanische Energie am Wandler bereit. Das Leitrad ist fest mit dem Gehäuse verbunden und kann sich daher nicht drehen. Die übertragbare Leistung ist außer von der Auslegung des Wandlers nur von der Drehzahl abhängig und steigt mit dieser an.

Hydrostatische Kraftübertragung

Der hydrostatische Antrieb arbeitet mit zwei getrennten Hydraulikpumpen für Antrieb und Hub. Das Drehmoment wird durch eine hydraulische Verstellpumpe mit stufenlos regelbarem Hubvolumen erzeugt, wodurch der statische Druck des Öls auf getrennte Ölmotoren an den Antriebsrädern wirkt. Ein Differenzial ist bei dem so genannten hydrostatischen Antrieb nicht erforderlich. Das Antriebskonzept gestattet sehr präzise Fahr- und Hubbewegungen und damit hohe Umschlagleistungen.

Die Pumpe ist in einem geschlossenen Kreislauf mit dem Hydromotor verbunden, dieser gibt über ein entsprechendes Getriebe die Kraft an die Räder zum Antrieb weiter. Die Achsialkolbenpumpe ist schwenkbar angeordnet und wird über eine Doppelpedalsteuerung betätigt. Durch eine Ausschwenkung in die eine oder andere Richtung kann hier die Fahrtrichtung des Staplers geändert werden, ohne dass dieser zum Stillstand gebracht wird. Dadurch kann man den Stapler bremsen, ohne die Betriebsbremse betätigen zu müssen.

Zum Vorwärtsfahren tritt der Fahrer das rechte Pedal, zum Bremsen lässt er es einfach los. Rückwärts betätigt der Fahrer das linke Pedal. Es gibt keine Kupplungs-, Schalt- oder Bremsvorgänge. Die Bewegungen des Staplers laufen stufenlos und ruckfrei ab. Abgebremst wird durch das „Gaswegnehmen". Ein weiterer Vorteil der hydrostatischen Kraftübertragung: Der Motor des Staplers läuft bei Geschwindigkeiten von 2 bis 10 km/h nur geringfügig über der Leerlaufdrehzahl. Die Regelung der Fahrgeschwindigkeit erfolgt ausschließlich über die hydrostatische Verstellung.

5. Standsicherheit

Unter **Standsicherheit** versteht man die **optimale Ausnutzung der Schwerpunkte** am Gabelstapler. Welche Schwerpunkte es gibt und wie Sie diese zu beachten haben erläutern wir Ihnen in diesem Kapitel.

5.1 Schwerpunkte allgemein

Der **Schwerpunkt** (oder Gleichgewichtspunkt) eines Körpers ist der **Punkt**, in dem man sich die **gesamte Masse eines Körpers vereinigt** vorzustellen hat. Also der Punkt, den man unterstützen muss, wenn man ein gewisses Gleichgewicht halten will.

Der Schwerpunkt ist bei einem gleichförmigen Körper immer in der Mitte.

Um sich den Schwerpunkt bildlich vorzustellen, zeigen wir Ihnen folgendes Beispiel:

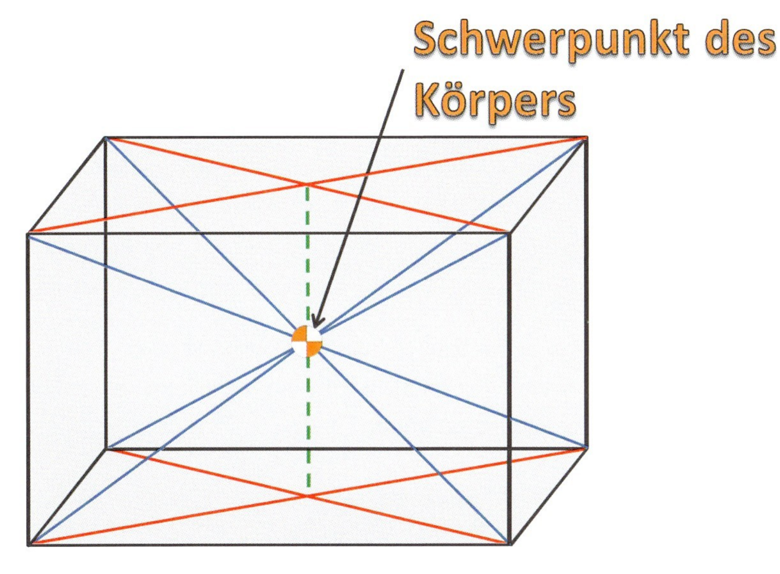

Der zentrale Punkt muss gestützt werden, um das ganze Gewicht des Körpers zu tragen und im Gleichgewicht zu halten.

5.2 Schwerpunkt des Gabelstaplers

Jeder Gabelstapler hat einen Schwerpunkt.

Im Regelfall liegt dieser unter dem Fahrersitz etwa 50 cm über dem Boden.

5.3 Schwerpunkt der Last

Nicht nur Ihr Arbeitsgerät hat einen Schwerpunkt, sondern auch jede Last, die Sie damit befördern. Stellen Sie sich einmal eine vollbeladene Palette vor. Angenommen, die Ware ist gleichmäßig auf der Palette gepackt, befindet sich der Schwerpunkt genau in der Mitte der Last. (Zur Erinnerung die Grafik aus 5.1).

Besonderes Augenmerk müssen Sie dann auf die Last legen, wenn der Schwerpunkt der Last nicht in der Mitte liegt. Hier stehen die nötigen Informationen allerdings in der Regel an der Verpackung der Ware.

!!! Achtung !!!

Wenn Sie den Schwerpunkt der Last nicht ohne Weiteres ermitteln können und auf der Last selber auch keine Angaben stehen, versuchen Sie nicht eigenmächtig Ihr Glück.

Sprechen Sie sich mit Ihrem Vorgesetzten ab und beachten Sie seine Anweisungen! So sind Sie in jedem Fall abgesichert!

!!! Achtung !!!

5.4 Der Schwerpunkt verändert sich

Sie wissen nun, dass es einen **Staplerschwerpunkt** und einen **Lastschwerpunkt** gibt. Aus diesen beiden Schwerpunkten ergibt sich ein weiterer, nämlich der **Gesamtschwerpunkt**. Dieser Gesamtschwerpunkt verändert sich, je größer oder kleiner der Lastarm ist. Wo der Gesamtschwerpunkt liegt und was ein Kraft- und Lastarm ist, sehen Sie hier:

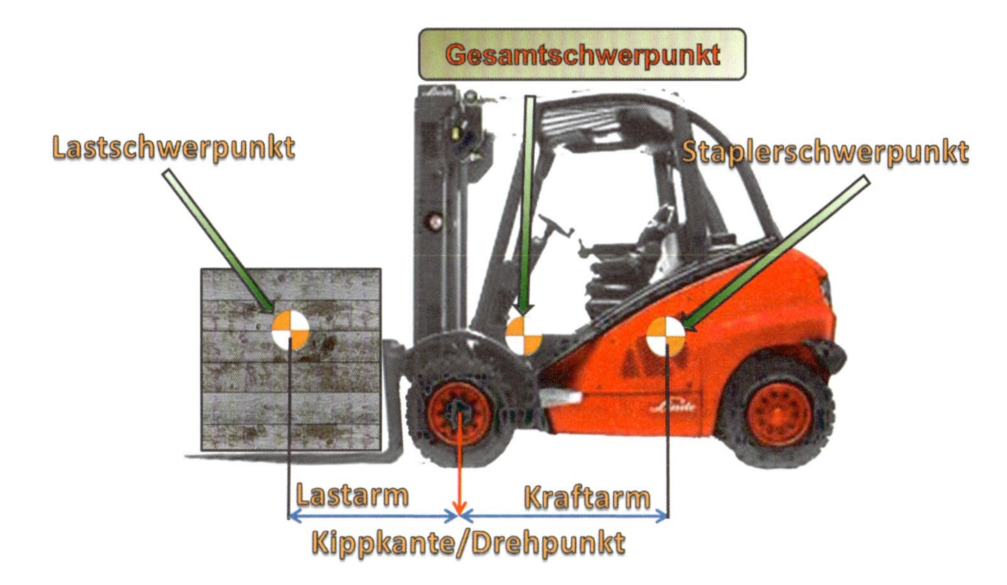

Der **Gesamtschwerpunkt** liegt **hinter der Vorderachse** des Gabelstaplers, und so sollte es auch immer sein. Liegt der Schwerpunkt **auf der Achse** oder gar **in Fahrtrichtung davor**, droht **Kippgefahr**. Der Lastarm ist also die Länge vom Lastschwerpunkt bis zur Kippkante (Vorderachse). Der Kraftarm hingegen ist die Länge vom Staplerschwerpunkt bis zur Kippkante. Der Gesamtschwerpunkt verändert sich dann, wenn der Lastarm größer wird. Ist der Lastarm größer als der Kraftarm, droht Kippgefahr.

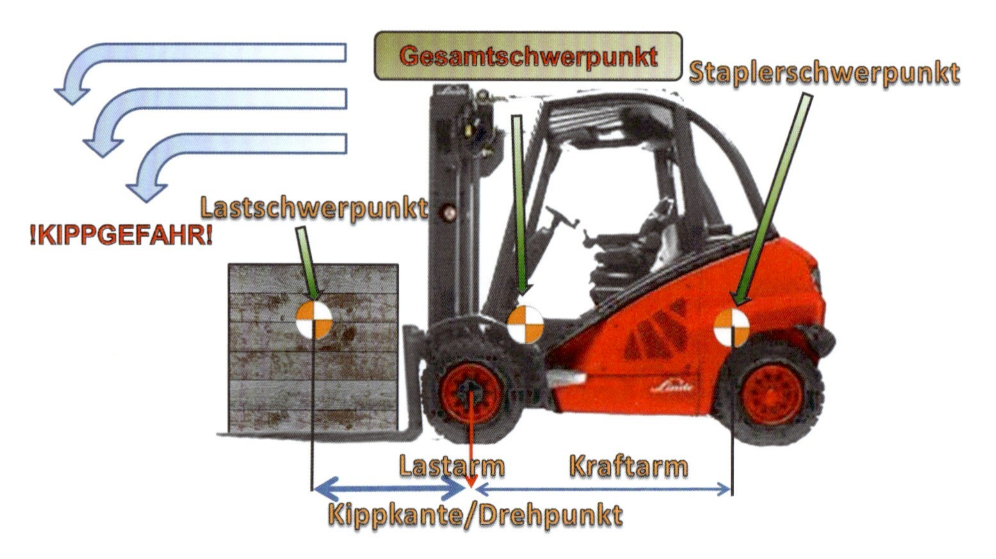

Der Gesamtschwerpunkt verändert sich auch dann, wenn eine Last angehoben wird oder das Hubgerüst nach vorne geneigt wird:

Beim Anheben auf diese Höhe hat sich der Gesamtschwerpunkt schon so verändert
Gesamtschwerpunkt
Staplerschwerpunkt
Lastschwerpunkt
Beim Anheben auf diese Höhe ist die Veränderung schon gravierend!!!
Wird der Hubmast dann auch nur versehentlich nach vorne geneigt, besteht HÖCHSTE KIPPGEFAHR!!!

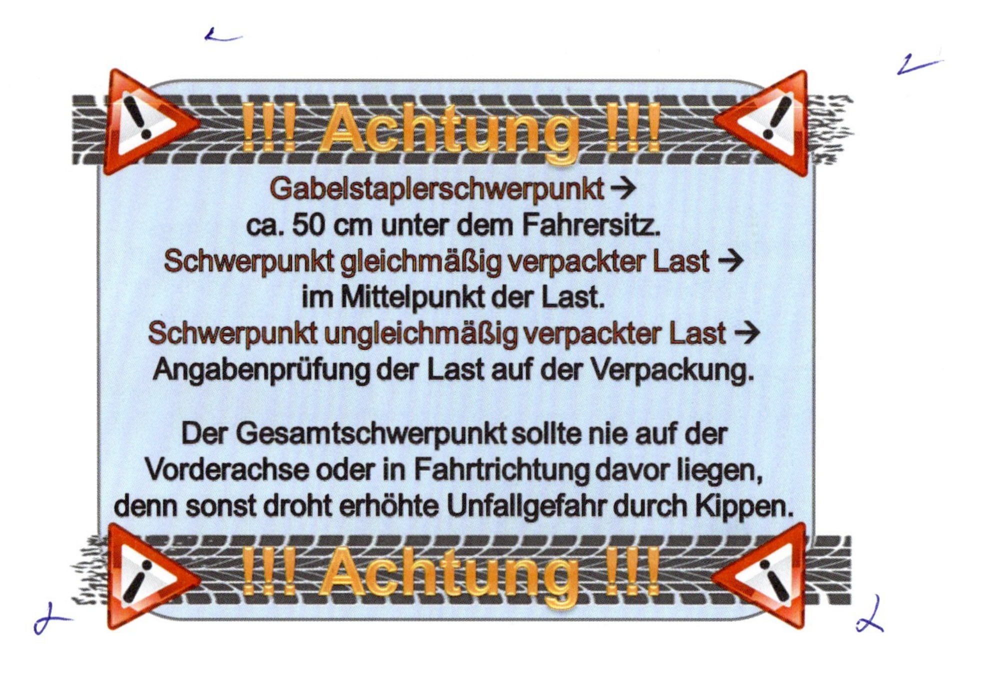

5.5 Tragfähigkeit des Gabelstaplers

Die **Tragfähigkeit** eines Gabelstaplers wird vom Hersteller angegeben und weist die **maximal zulässige Traglast** eines Gabelstaplers aus.

Weiterhin wird die Tragfähigkeit vom **Lastarm** beeinflusst. Daraus folgt: Je weiter ein Lastschwerpunkt vom Gabelrücken (**Lastschwerpunktabstand in mm**) entfernt ist, desto geringer die Last, die Sie auf die maximale Höhe heben dürfen.

Die **maximale Tragfähigkeit** wird erreicht bei einem **Lastschwerpunktabstand von 500 – 600 mm**. Wie hoch die Last sein darf, hängt vom Lastschwerpunktabstand und von der geforderten Hubhöhe ab.

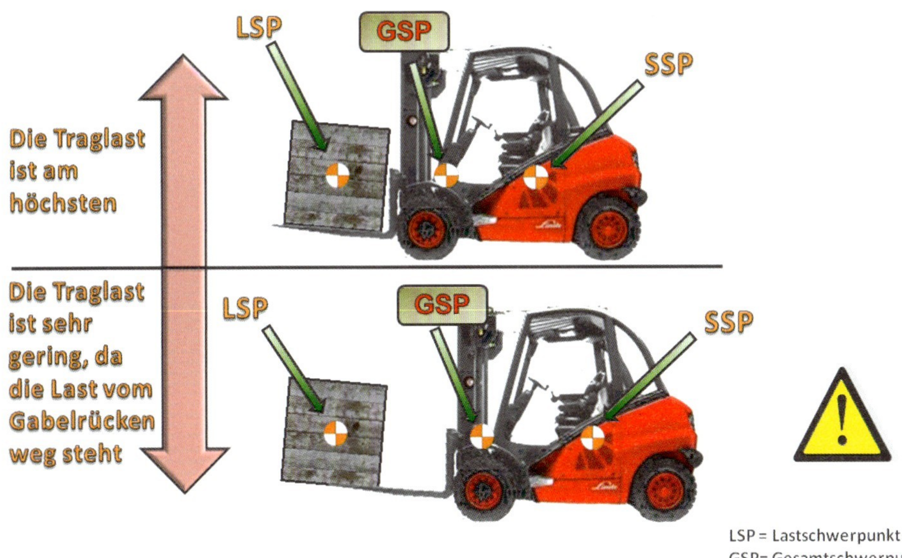

LSP = Lastschwerpunkt
GSP= Gesamtschwerpunkt
SSP = Staplerschwerpunkt

5.6 Traglastdiagramme

Die Hersteller sind verpflichtet, an ihren Flurförderzeugen (Gabelstapler) die Tragfähigkeit anzugeben (gem. VDI 2198). Auf dem Fabrikschild (Typenschild) ist **die Nenntragfähigkeit** abzulesen. Die Nenntragfähigkeit bezieht sich auf einen Lastschwerpunktabstand von 500 mm und der maximalen Höhe.

Abweichend von der Nenntragfähigkeit ist die **tatsächliche Tragfähigkeit**. Durch Standsicherheitsversuche wird die tatsächliche Tragfähigkeit festgestellt und dadurch Tragfähigkeitsdiagramme oder Tabellen erstellt. Diese Diagramme oder Tabellen müssen sichtbar am Gabelstapler angebracht sein.

Die Diagramme sind in aller Regel für das Heben mit den zwei Original-Gabelzinken ausgelegt. Gabelverlängerungen und Anbaugeräte ändern die Tragfähigkeitsverhältnisse und müssen daher unbedingt berücksichtigt werden. Hier sind unbedingt die Bedienungsanleitungen der Anbaugeräte zu Rate zu ziehen.

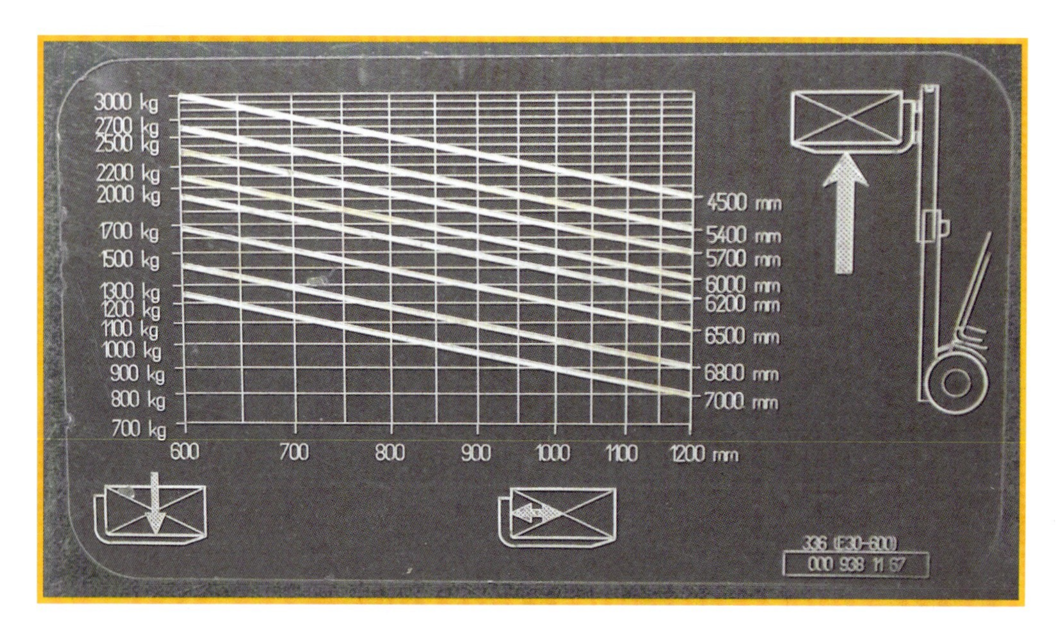

Der Blick auf das Diagramm muss Ihnen folgende Fragen beantworten können:

Zwei Beispiele, wie ein Traglastdiagramm aussehen kann:

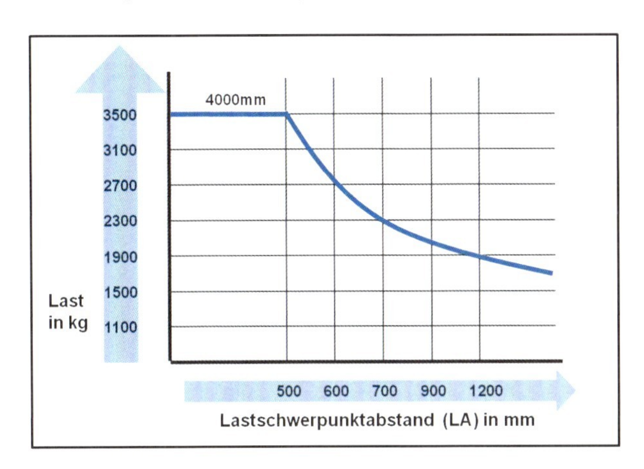

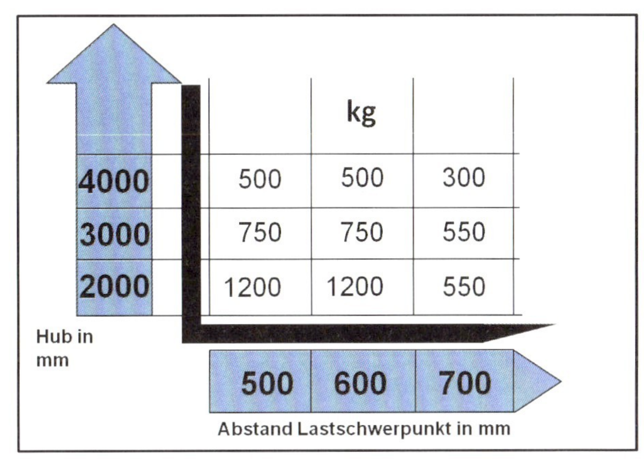

Hub in mm	kg		
4000	500	500	300
3000	750	750	550
2000	1200	1200	550
Abstand Lastschwerpunkt in mm	500	600	700

Anwendungsbeispiele:

Last: 1900 kg

LA: 500 mm

Höhe: 4m

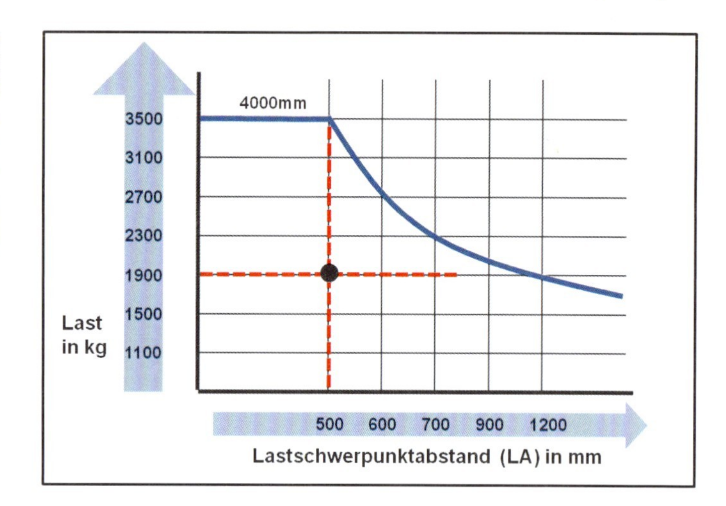

Last: 3100 kg

LA: 700 mm

Höhe: 4m

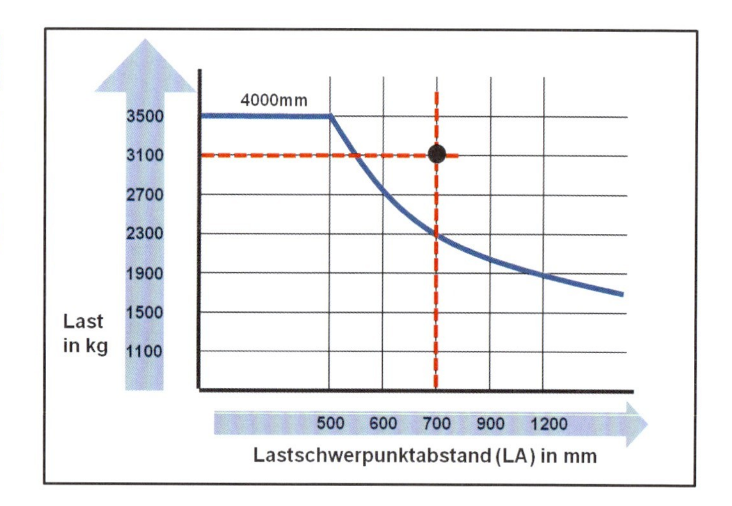

Last: 550 kg

LA: 700 mm

Höhe: 3m

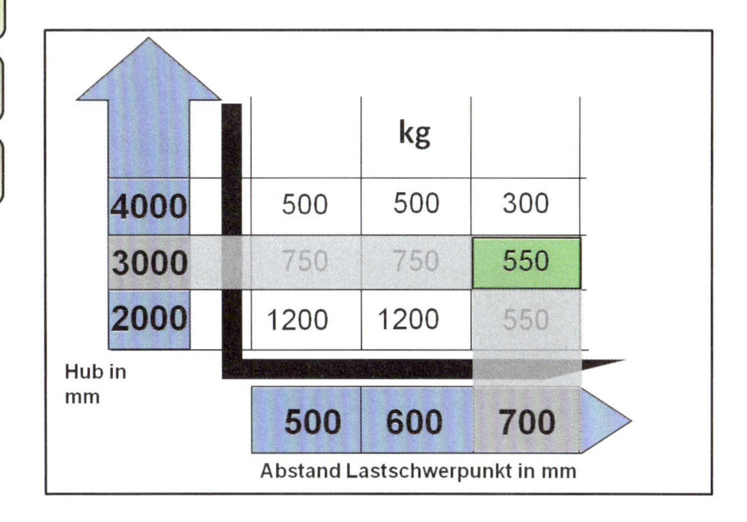

Last: 750 kg

LA: 600 mm

Höhe: 4m

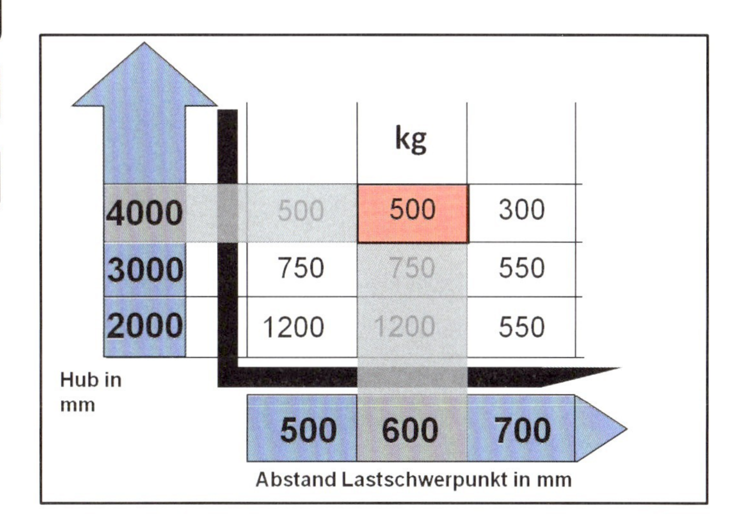

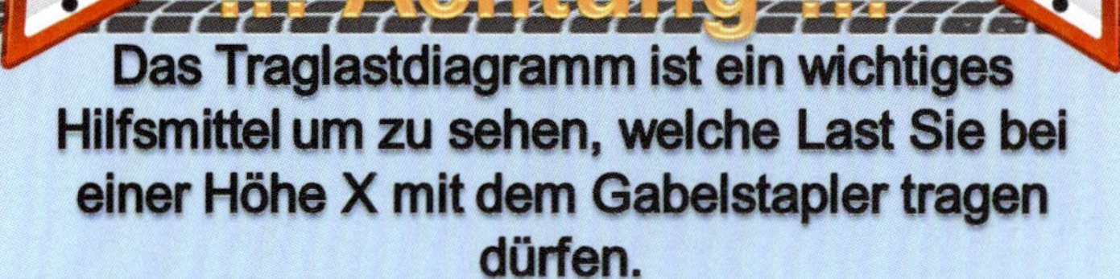

5.7 Kurvenfahrten

Kurvenfahrten stellen das größte Risiko bei der Arbeit mit einem Gabelstapler dar. Im Regelfall passieren **Kippunfälle** immer dann, wenn sich der Staplerfahrer überschätzt und zu schnell in eine Kurve fährt. Moderne Gabelstapler sind mit **Sicherheitssystemen**, wie zum Beispiel **Lenksensoren** oder **Stabilisatoren** ausgestattet. Lenksensoren messen den Lenkeinschlag und reduzieren die Geschwindigkeit. Stabilisatoren verhindern eine überstarke Neigung des Gabelstaplers zur Seite. Verlassen Sie sich aber nie ausschließlich auf Ihr Gerät, sondern in erster Linie auf Ihre Fähigkeiten als ausgebildeter Gabelstaplerfahrer.

Sie müssen wissen, dass der Gabelstapler nicht wie ein normaler Pkw gelenkt wird. Die Lenkung des Staplers erfolgt über die Hinterachse. Bei **Dreiradstaplern** spricht man von **Drehschemellenkung**, bei **Vierradstaplern** von der **Achsschenkellenkung**. Beide Lenkungen habe eines gemeinsam: Sie vermindern die Standsicherheit dadurch, dass der „Angriffspunkt" der Lenkung jeweils in der Mitte der Hinterachse liegt. Dadurch ensteht das so genannte Standsicherheitsdreieck oder auch Kippkantendreieck, was folgende Grafik für beide Arten der Lenkung zeigt.

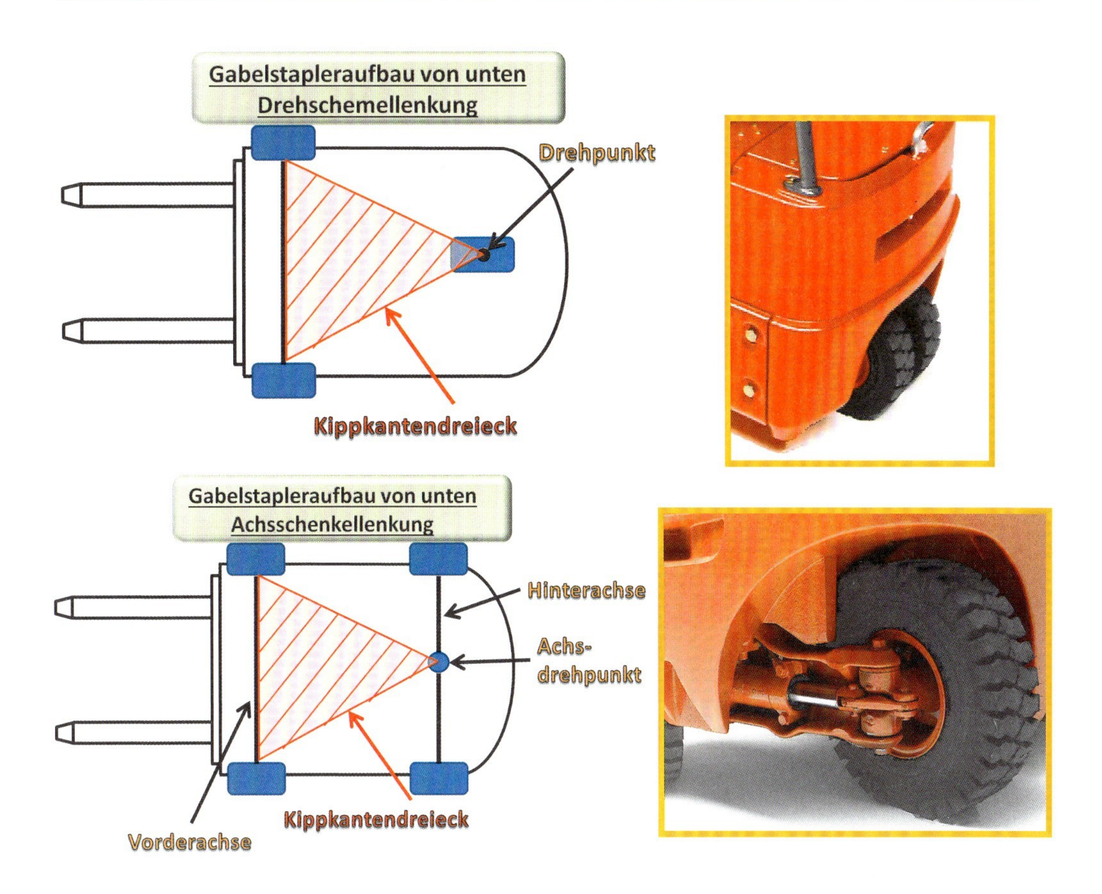

Ein Gabelstapler mit Last kann weniger schnell kippen, als ein Gabelstapler ohne Last, da sich der Gesamtschwerpunkt des Staplers in Fahrrichtung nach vorne verschiebt.

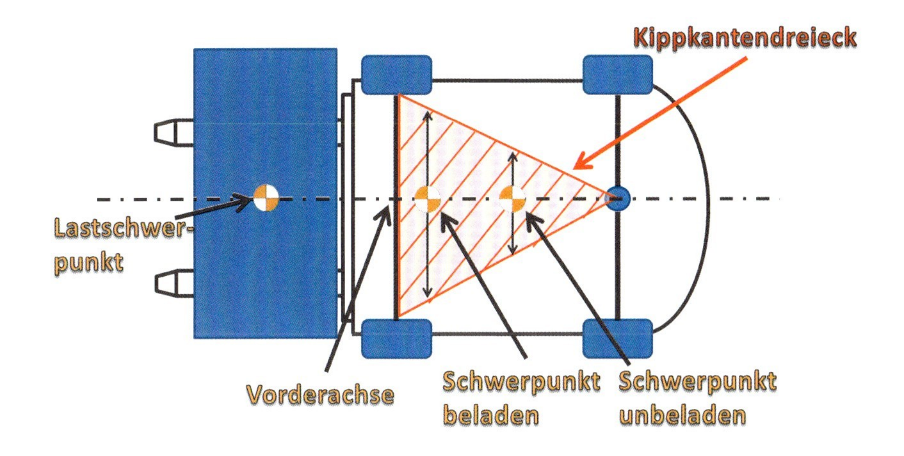

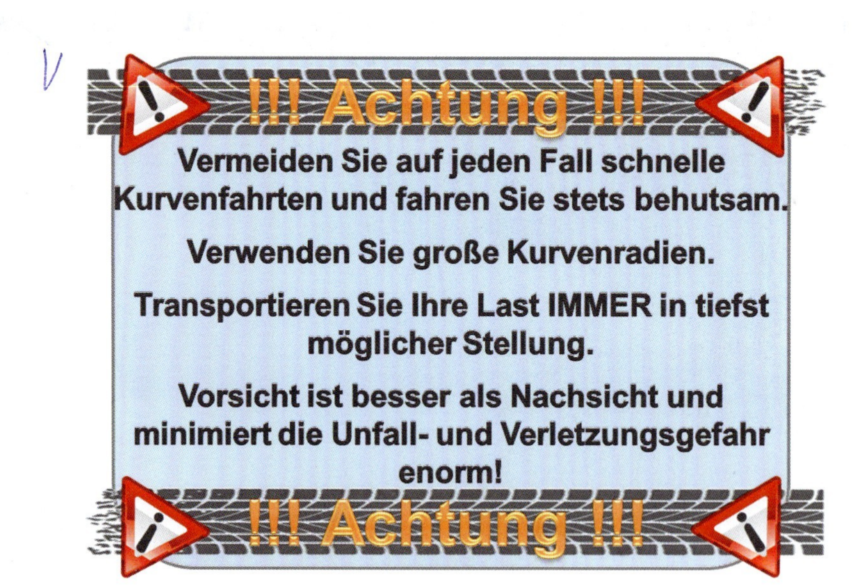

5.8 Transport von Flüssigkeiten

Ein hohes Risiko stellt auch der Transport von Flüssigkeiten mit einem Gabelstapler dar. Die Gefäße, in denen die Flüssigkeiten lagern, sind nie ganz gefüllt und haben so einen gewissen Spielraum, der bei Erschütterung ausgenutzt wird. Der Spielraum der Flüssigkeit könnte allerdings Ihr Unfallrisiko sein. Das heißt, Sie müssen noch behutsamer fahren und erst recht scharfe Kurven vermeiden, um die Fliehkraft, die auf den Gabelstapler und die sich bewegende Last wirkt, so gering wie möglich zu halten.

Bei Kurvenfahrten verlagert sich der Schwerpunkt nach außen und bei starkem Abbremsen verlagert sich der Schwerpunkt nach vorne.

5.9 Weitere Faktoren, die die Standsicherheit beeinträchtigen können

Unebenheiten in der Fahrbahn, z.B. durch das Befahren von unbefestigtem Gelände.

Gleise oder **schiefe Ebenen** verursachen eine Verschiebung des Gesamtschwerpunktes und können dadurch den Gabelstapler zum Kippen bringen.
Auch die Wahl der **Bereifung** kann die Fahreigenschaften des Gabelstaplers verändern. Bei Superelastik-, Vollgummi- oder Luftreifen reagiert der gleiche Stapler oft unterschiedlich.

Anfahren oder **Bremsen auf schiefen Ebenen** führt zu einer Schwerpunktverlagerung.

Deshalb ist Wenden auf schiefen Ebenen verboten!

5.10 Verhalten beim Kippen eines Gabelstaplers

Trotz aller Vorsichts- und Sicherheitsmaßnahmen kann es passieren, dass der Gabelstapler kippt. Die angesprochenen Schutzmaßnahmen (Rückhaltesysteme, Fahrerschutzdach) bieten erste Vorkehrungen gegen erhebliche Verletzungen.

Eines dürfen Sie nie vergessen: Wenn Sie merken, dass Ihr Gabelstapler kippt, springen Sie **NIEMALS** aus dem Gabelstapler heraus. Sie müssten gegen die Fallrichtung des Staplers springen, und das können Sie nicht schaffen. Unterlassen Sie in jedem Fall den Sprungversuch, wenn Sie nicht vom Dach des Gabelstaplers erschlagen werden möchten, wie das in einigen Fällen schon vorgekommen ist.

6. Betrieb allgemein

Das Führen eines Gabelstaplers setzt voraus, dass Sie mit dessen Bedienung und allen Vorrichtungen Ihres Geräts vertraut sind. Was Sie vor und nach dem Betrieb des Gabelstaplers beachten müssen, finden Sie in diesem Kapitel.

6.1 Betriebsanleitung

Wie bei jedem technischen Arbeitsgerät liegt auch beim Gabelstapler eine Betriebsanleitung vor, an die Sie sich in jedem Falle halten müssen. Alle Angaben neben den rechtlichen Vorschriften, die vom Gesetzgeber vorgeschrieben werden, sind für Sie bindend und gewährleisten bei Beachtung sicheres Fahren. Grundsätzlich gilt, dass Sie den Gabelstapler **NUR** sitzend im Fahrerhaus steuern und bedienen dürfen. Weiterhin beachten Sie, dass der Hersteller mit der Bedienungsanleitung immer festlegt, wie Sie den Gabelstapler nutzen können (welche Anbaugeräte, Höhe der Traglast, Lastart etc.).
Aus der Geräteanleitung geht auch die Tragfähigkeit des Gabelstaplers hervor. Überschreiten Sie diese Angabe niemals!!! Andernfalls befinden Sie sich in erhöhter Unfallgefahr.

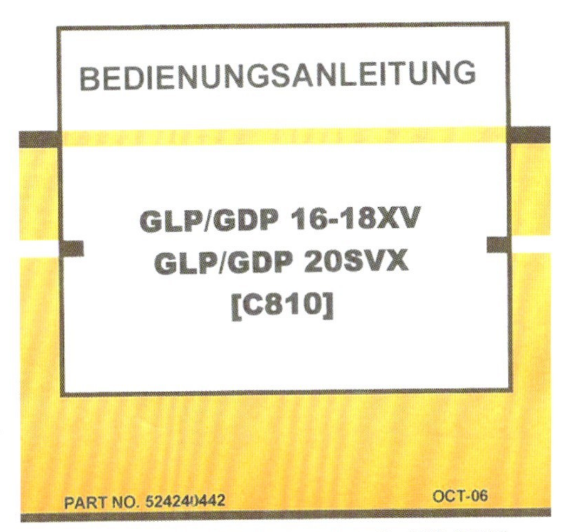

6.2 Betriebsanweisung des Unternehmers

Sobald Sie in einem Unternehmen einen Gabelstapler fahren, müssen Sie mit den Betriebsanweisungen vertraut sein. Jeder Unternehmer, der Gabelstapler einsetzt, ist gem. DGUV Vorschrift 68 (BGV D27), § 5 verpflichtet, **Betriebsanweisungen für den Betrieb von Gabelstaplern**

- schriftlich,
- in verständlicher Form und Sprache,
- an geeigneter Stelle

im Betrieb auszuhängen. **Der Arbeitnehmer hat die Betriebsanweisung zu beachten.**

Über folgende Dinge werden Sie in der Betriebsanweisung auf jeden Fall informiert:

- Nutzbare Verkehrswege auf dem Unternehmensgelände
- Richtlinien zum Stapeln von Gütern
- Auswechseln und Laden von Batterien bei E-Staplern
- Auswechseln der Gasflasche bei gasbetriebenen Fahrzeugen

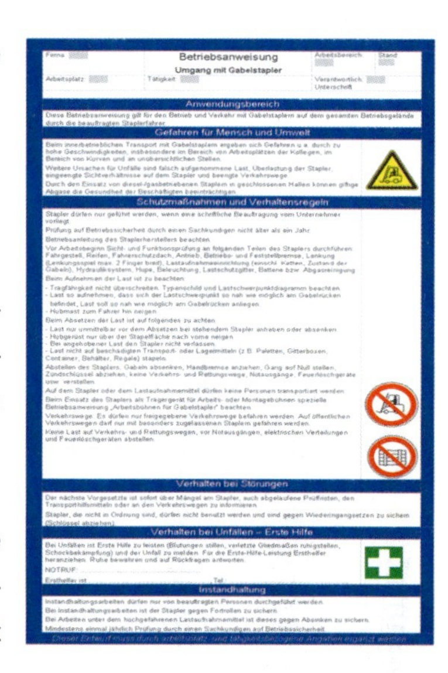

Firma:	**Betriebsanweisung** **Umgang mit Gabelstapler**	Arbeitsbereich:	Stand:
Arbeitsplatz:	Tätigkeit:	Verantwortlich: Unterschrift	

Anwendungsbereich

Diese Betriebsanweisung gilt für den Betrieb und Verkehr mit Gabelstaplern auf dem gesamten Betriebsgelände durch die beauftragten Staplerfahrer.

Gefahren für Mensch und Umwelt

Beim innerbetrieblichen Transport mit Gabelstaplern ergeben sich Gefahren u. a. durch zu hohe Geschwindigkeiten, insbesondere im Bereich von Arbeitsplätzen der Kollegen, im Bereich von Kurven und an unübersichtlichen Stellen.

Weitere Ursachen für Unfälle sind falsch aufgenommene Last, Überlastung der Stapler, eingeengte Sichtverhältnisse auf dem Stapler und beengte Verkehrswege.

Durch den Einsatz von diesel-/gasbetriebenen Staplern in geschlossenen Hallen können giftige Abgase die Gesundheit der Beschäftigten beeinträchtigen.

Schutzmaßnahmen und Verhaltensregeln

Stapler dürfen nur geführt werden, wenn eine schriftliche Beauftragung vom Unternehmer vorliegt.

Prüfung auf Betriebssicherheit durch einen Sachkundigen nicht älter als ein Jahr.

Betriebsanleitung des Staplerherstellers beachten.

Vor Arbeitsbeginn Sicht- und Funktionsprüfung an folgenden Teilen des Staplers durchführen: Fahrgestell, Reifen, Fahrerschutzdach, Antrieb, Betriebs- und Feststellbremse, Lenkung (Lenkungsspiel max. 2 Finger breit), Lastaufnahmeeinrichtung (einschl. Ketten, Zustand der Gabeln), Hydrauliksystem, Hupe, Beleuchtung, Lastschutzgitter, Batterie bzw. Abgasreinigung.

Beim Aufnehmen der Last ist zu beachten:
- Tragfähigkeit nicht überschreiten. Typenschild und Lastschwerpunktdiagramm beachten.
- Last so aufnehmen, dass sich der Lastschwerpunkt so nah wie möglich am Gabelrücken befindet, Last soll so nah wie möglich am Gabelrücken anliegen.
- Hubmast zum Fahrer hin neigen.

Beim Absetzen der Last ist auf folgendes zu achten:
- Last nur unmittelbar vor dem Absetzen bei stehendem Stapler anheben oder absenken.
- Hubgerüst nur über der Stapelfläche nach vorne neigen.
- Bei angehobener Last den Stapler nicht verlassen.
- Last nicht auf beschädigten Transport- oder Lagermitteln (z. B. Paletten, Gitterboxen, Container, Behälter, Regale) stapeln.

Abstellen des Staplers: Gabeln absenken, Handbremse anziehen, Gang auf Null stellen, Zündschlüssel abziehen, keine Verkehrs- und Rettungswege, Notausgänge, Feuerlöschgeräte usw. verstellen.

Auf dem Stapler oder dem Lastaufnahmemittel dürfen keine Personen transportiert werden.

Beim Einsatz des Staplers als Trägergerät für Arbeits- oder Montagebühnen spezielle Betriebsanweisung „Arbeitsbühnen für Gabelstapler" beachten.

Verkehrswege: Es dürfen nur freigegebene Verkehrswege befahren werden. Auf öffentlichen Verkehrswegen darf nur mit besonders zugelassenen Staplern gefahren werden.

Keine Last auf Verkehrs- und Rettungswegen, vor Notausgängen, elektrischen Verteilungen und Feuerlöschgeräten abstellen.

Verhalten bei Störungen

Der nächste Vorgesetzte ist sofort über Mängel am Stapler, auch abgelaufene Prüffristen, den Transporthilfsmitteln oder an den Verkehrswegen zu informieren.

Stapler, die nicht in Ordnung sind, dürfen nicht benutzt werden und sind gegen Wiederingangsetzen zu sichern (Schlüssel abziehen).

Verhalten bei Unfällen – Erste Hilfe

Bei Unfällen ist Erste Hilfe zu leisten (Blutungen stillen, verletzte Gliedmaßen ruhigstellen, Schockbekämpfung) und der Unfall zu melden. Für die Erste-Hilfe-Leistung Ersthelfer heranziehen. Ruhe bewahren und auf Rückfragen antworten.

NOTRUF: ....

Ersthelfer ist .... Tel. ....

Instandhaltung

Instandhaltungsarbeiten dürfen nur von beauftragten Personen durchgeführt werden.

Bei Instandhaltungsarbeiten ist der Stapler gegen Fortrollen zu sichern.

Bei Arbeiten unter dem hochgefahrenen Lastaufnahmemittel ist dieses gegen Absenken zu sichern.

Mindestens einmal jährlich Prüfung durch einen Sachkundigen auf Betriebssicherheit.

Dieser Entwurf muss durch arbeitsplatz- und tätigkeitsbezogene Angaben ergänzt werden.

Weitere Punkte können natürlich hinzukommen, wenn Notwendigkeit dafür besteht. Zum Beispiel bei Benutzung von Anbaugeräten oder bei Benutzung von Anhängern oder aber auch bei Fahrten auf Straßen des öffentlichen Straßenverkehrs.

Die Betriebsanweisung sollte immer so formuliert sein, dass Sie diese ohne Weiteres verstehen können. Andernfalls kontaktieren Sie sofort Ihren Vorgesetzen, um Unklarheiten sofort auszuräumen.

Beispiele von Betriebsanweisungen finden Sie im Anhang des Buches.

6.3 Schriftlicher Fahrauftrag

Neben den in Kapitel 1 genannten Voraussetzungen zum Führen eines Gabelstaplers, müssen Sie **vom Unternehmen** mit der Führung eines Gabelstaplers **beauftragt** worden sein. Diese Beauftragung kann Bestandteil Ihres Arbeitsvertrages sein oder sie kann **formlos**, **aber schriftlich** erteilt werden. Viele Ausweisformulare enthalten die Möglichkeit, dort Fahraufträge einzutragen.

Beispiele von Fahraufträgen finden Sie im Anhang des Buches.

6.4 Abstellen des Gabelstaplers

Nachdem Sie mit dem Gabelstapler entsprechende Arbeiten durchgeführt haben, ist der Gabelstapler ordnungsgemäß abzustellen. Hierzu gehört ein Ablauf, der Ihnen in „Fleisch und Blut“ übergehen muss, da er wie viele andere Informationen hier, sicherheitsrelevant ist.

Achten Sie darauf, dass Sie beim **Abstellen** des Gabelstaplers **niemals Fluchtwege, Ein- und Ausgänge, Feuerlöscheinrichtungen oder jede Art von Verkehrswegen behindern**. Weiterhin **meiden** Sie das **Abstellen** des Gabelstaplers **auf schiefen Ebenen**.

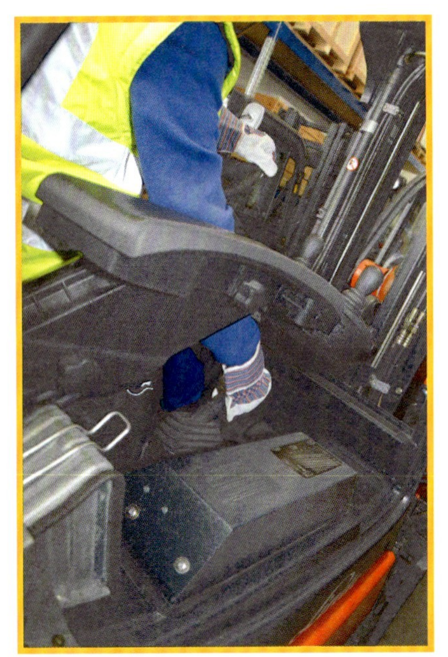

Häufiger kommt es vor, dass Sie den Gabelstapler **kurz verlassen** müssen. In diesem Fall müssen Sie die

- **Last absenken**,
- **den Fahrtrichtungswähler auf „Neutral“ stellen** und
- **die Handbremse betätigen**.

Das setzt allerdings voraus, dass Sie sich in unmittelbarer Nähe zum Gabelstapler befinden.

Sie dürfen den Stapler nie von außen bedienen.

Wird der Gabelstapler längerfristig abgestellt, gilt folgende Reihenfolge:

1. Handbremse anziehen
2. Gabelzinken in die tiefst mögliche Stellung bringen
3. Hubmast nach vorne neigen, bis die Gabelzinkenspitzen den Boden berühren
4. Motor abstellen
5. Zündschlüssel abziehen und sicher aufbewahren
6. bei E- Staplern "Notaus" betätigen, bei Treibgas-Staplern Gas abstellen

6.5 Gefahren beim Betrieb des Gabelstaplers

Da bei dem Betrieb eines Gabelstaplers ständig Gefahrenquellen auftauchen, zeigen wir Ihnen, um welche Gefahrenquellen es sich handelt und wie Sie diesen potentiellen Unfallquellen aus dem Weg gehen können.

Sie dürfen !NIEMALS! Personen auf dem Gabelstapler mitnehmen. Der Gabelstapler ist ein Lasttraggerät! Kein Gerät zur Personenbeförderung!

Behalten Sie Ihre Umgebung IMMER im Auge und drosseln Sie Ihre Fahrtgeschwindigkeit entsprechend der Bodenbeschaffenheit. Vorausschauendes Fahren ist das A&O.

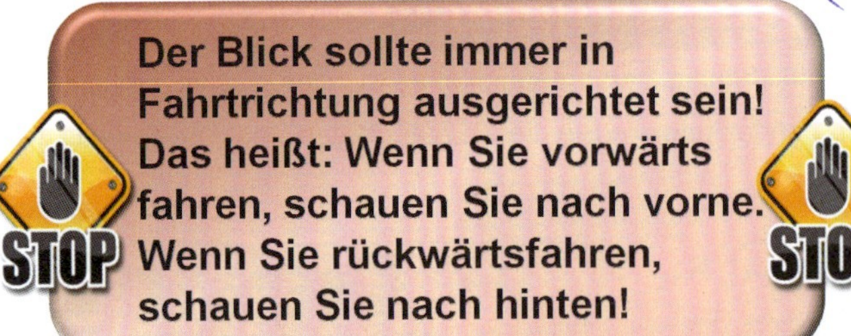

Der Blick sollte immer in Fahrtrichtung ausgerichtet sein! Das heißt: Wenn Sie vorwärts fahren, schauen Sie nach vorne. Wenn Sie rückwärtsfahren, schauen Sie nach hinten!

Beim Transport von Lasten auf schiefen Ebenen fahren Sie immer so, dass die Last bergseitig zeigt. So beugen Sie Kippunfällen vor.

Unter keinen Umständen, darf eine Person unter einer angehobenen Last stehen. Bei Schäden in der Hydraulik (Hubsystem) des Staplers wird diese Person bei Herabstürzen der Last auf jeden Fall schwer oder tödlich verletzt!

Denken Sie immer daran:
Fahren Sie zügig aber sicherheitsbewusst.
Nur dann führen Sie Ihre Arbeit gewissenhaft und gut aus.

7. Prüfungen

In diesem Kapitel erfahren Sie mehr über Prüfungen an Gabelstaplern. Wir unterscheiden zwei Prüfungsarten.

1. Die Sicht- und Funktionsprüfung

wird täglich vom Bediener durchgeführt

2. Die wiederkehrenden Prüfungen gem. DGUV Vorschrift 68 (BGV D27), § 37

werden jährlich von einem Sachkundigen durchgeführt

7.1 Sicht- und Funktionsprüfung

Damit Sie einen reibungslosen Ablauf Ihrer Tätigkeit als Gabelstaplerfahrer gewährleisten können, müssen Sie Ihr **Gerät vor Fahrtantritt kontrollieren**. Wenn Sie wissen, worauf Sie achten müssen, dauert dieser Vorgang nur wenige Minuten und ist schnell abgeschlossen. Die Alternative wäre erhöhtes Verletzungsrisiko durch eventuell schadhafte Teile. Auch wenn die Kontrolle schon durch einen anderen Fahrer erledigt worden ist, sollten Sie sich aber trotzdem ein wenig Zeit nehmen, um die Kontrolle durchzuführen, denn Sie kennen ja das Sprichwort: „Vertrauen ist gut, Kontrolle ist besser“. Die Kontrollen sind aber immer gerätespezifisch durchzuführen. Beachten Sie auf jeden Fall die Kontrollen, die das Betriebshandbuch Ihres Staplers fordert.

Bei der Sichtprüfung sollen äußerlich erkennbare Schäden aufgedeckt werden, also Schäden, welche Sie mit bloßem Auge erkennen können.

Zur **Sichtprüfung** gehört:

- **Ein Rundgang komplett um den Stapler herum**
- **Eine Sichtkontrolle des Motorraums**
- **Eine Sichtkontrolle aus dem Fahrersitz heraus**
- **Eine Prüfung der Mobilität**

Jegliche Unregelmäßigkeiten, die Ihnen auffallen, sind Ihrem Vorgesetzten oder einem anderen verantwortlichen Sachkundigen zu melden.

Im Anhang dieses Buches finden Sie eine Checkliste mit der diese Kontrollen zuverlässig und effektiv durchführbar sind.

Bei aufgefallenen Schäden darf der Stapler so lange nicht bewegt werden, wie der Schaden noch vorhanden ist.

Auf Folgendes müssen Sie bei einem **Rundgang** besonders achten:

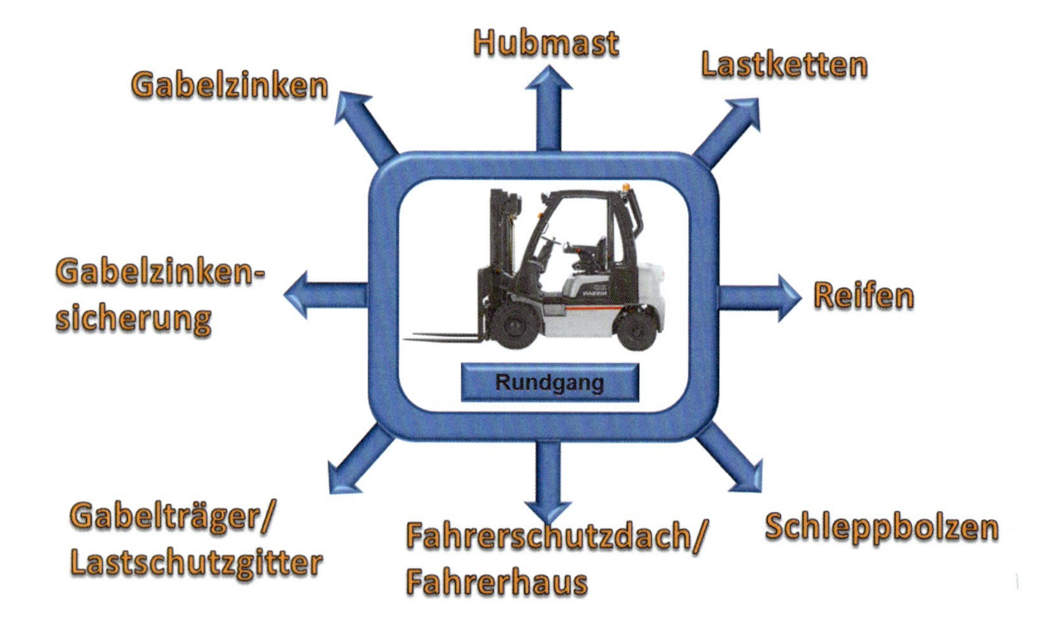

Gabelzinken

Auf Brüche, Risse, Verformungen und Verschleiß kontrollieren

Gabelzinken-sicherung

Auf Beschädigungen und aktive und leichtgängige Sicherung kontrollieren und ob sich die Gabelzinken nicht verschieben lassen

Gabelträger

Auf Beschädigungen und richtige Funktion kontrollieren

Lastschutzgitter

Auf erkennbare Beschädigungen, z.B. Verformungen und festen Sitz kontrollieren

Hubmast

Beschädigungen, festen Sitz und Dichtigkeit kontrollieren

Lastketten

Auf Risse, defekte Kettenglieder, sonstige Beschädigungen und auf korrekte Spannung kontrollieren

Reifen

Auf Beschädigungen, Verschleiß, Reifenprofil, Reifendruck und festen Sitz von Radmuttern und Schrauben kontrollieren

Fahrerschutzdach/ Fahrerhaus

Auf Beschädigungen, z.B. Verformungen und festen Sitz kontrollieren. Türen und Scheiben auf Beschädigungen, Gangbarkeit und freie Sicht kontrollieren

Schleppbolzen

Auf Beschädigungen, Vorhandensein, Gangbarkeit und korrekten Sitz kontrollieren

Nach dem Rundgang erfolgt die Prüfung des **Motorinnenraums**:

Keilriemen des Lüfters

Auf Beschädigungen, Risse, Verschleiß und Biegsamkeit kontrollieren. Drücken Sie auf die Mitte des Keilriemens, die Biegung sollte zwischen 12-14mm betragen

Motorblock

Auf erkennbare Beschädigungen, lose Anbauteile und Undichtigkeiten kontrollieren

Wasserabscheider

Auf Beschädigungen und Dichtigkeit kontrollieren und ggf. Wasser ablassen

Wärmetauscher

Auf Beschädigungen und Sauberkeit kontrollieren, ggf. mit Druckluft reinigen

Verdampfer (Gasstapler)

Auf Teeransammlungen kontrollieren, ggf. mindestens 1x im Monat ablassen bzw. reinigen

Flüssigkeiten

Flüssigkeitsstände von Motoröl, Kühlflüssigkeit, Automatikgetriebeöl, Hydrauliköle, Bremsflüssigkeit und Säurestand der Batterie kontrollieren, ggf. nachfüllen

Versorgungs-leitungen

Alle Flüssigkeitsleitungen, Gasleitungen, Elektroleitungen, Vorratsbehälter, Batterieklemmen und Verbindungen auf Beschädigungen, Zustand (Korrosion), Dichtigkeit, festen Sitz kontrollieren

Zu guter Letzt ist es Ihre tägliche Aufgabe, die **Fahrerkabine** und die **Mobilität** Ihres Gerätes zu prüfen:

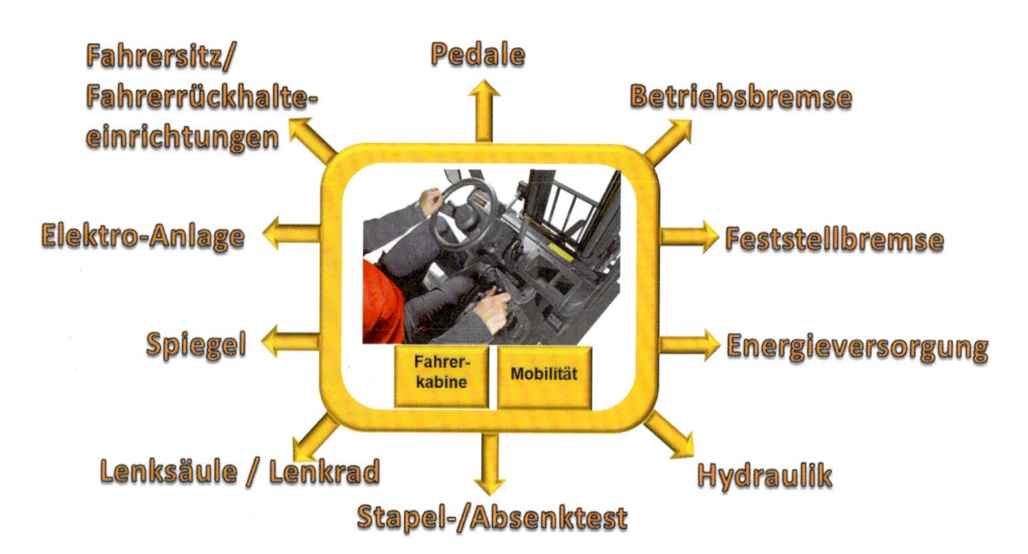

Stellung des Fahrersitzes

Stellen Sie den Fahrersitz auf eine Position ein, die für Sie bequem und körpergerecht ist. Achten Sie darauf, dass Sie nicht verkrampft sitzen, an alle Bedienungselemente gut herankommen und gute Sicht haben. Stellen Sie die Sitzdämpfung auf Ihr Körpergewicht ein.

Kontrollieren Sie den Fahrersitz und die Fahrerrückhalte-einrichtungen (z.B. Beckengurt) auf Beschädigungen, festen Sitz und Funktion

Lenksäule/Lenkrad

Lenksäule auf optimale Höhe und Neigung einstellen und Verriegelung auf festen Sitz kontrollieren.

Auf Beschädigungen und zulässiges Lenkradspiel (max. 10 mm, „Zwei-Finger-breit“) kontrollieren

Elektroanlage

Zündschloss, Hupe, Beleuchtungseinrichtungen, Kontrollleuchten, Schalter und weitere elektrische Einrichtungen auf Beschädigungen, festen Sitz und Funktion kontrollieren

Pedale

Gummi- bzw. andere Beläge auf Beschädigungen, Zustand, Sauberkeit, festen Sitz und Griffigkeit kontrollieren. Alle Pedale auf Gangbarkeit kontrollieren

Spiegel

Auf Beschädigungen, festen Sitz und korrekte Einstellung kontrollieren

Energie-versorgung

Tankinhalt bei Dieselstaplern, Flüssiggasinhalt bei Gasstaplern, Wasserstoffinhalt bei Brennstoffzellenstaplern und Ladezustand der Batterien bei Elektrostaplern kontrollieren

Betriebsbremse

Auf Gangbarkeit und Funktion durch Bremsen bei leichtem Vor- und Zurückfahren kontrollieren. Auf zulässigen Pedalspielraum (1-3mm) kontrollieren

Feststellbremse

Auf Gangbarkeit und Funktion durch Feststellen und Lösen kontrollieren. Der Stapler darf sich bei angezogener Feststellbremse auch bei Betätigung des Gaspedals nicht in Bewegung setzen

Hydraulik

Auf Funktion aller Bewegungsrichtungen der Gabel und des Hubmastes kontrollieren

Stapel-/Absenk-test

Nehmen Sie eine leichte Last auf, heben diese auf max. Höhe des Hubmastes an und senken dann mit max. Geschwindigkeit die Last ab. Stoppen Sie den Absenkvorgang zwischendurch, um zu kontrollieren, ob die Last an Ort und Stelle verbleibt oder sich von allein weiter absenkt

7.2 Regelmäßige Prüfung durch Sachkundige

Nicht nur Sie selber, in Ihrer Verantwortung als ausgebildeter Gabelstaplerfahrer, sind dazu verpflichtet, eine tägliche Abfahrtskontrolle durchzuführen. Gemäß § 37 der DGUV Vorschrift 68 (BGV D27) hat der **Unternehmer dafür zu sorgen**, dass Flurförderzeuge, ihre Anbaugeräte sowie die nach dieser Unfallverhütungsvorschrift für den Betrieb von Flurförderzeugen in Schmalgängen erforderlichen Sicherheitseinrichtungen **in Abständen von längstens einem Jahr durch einen Sachkundigen geprüft werden**.

Bei einem Sachkundigen handelt es sich um jemanden, der darin ausgebildet und erfahren ist, den technischen Zustand eines Gabelstaplers festzustellen und zu überprüfen. Fachkundige finden sich im Bereich des eigenen Unternehmens (qualifizierte Meister), der Gabelstaplerherstellung (Linde, Nissan, Yale, etc.) oder auch in Prüf- und Ausbildungsorganisationen (**T**echnischer **Ü**berwachungs-**V**erein, **DEKRA** etc.)

Der Paragraph 39 der DGUV Vorschrift 68 (BGV D27) schreibt vor, welche Daten nachweislich über den Gabelstapler geführt werden müssen:

- **Prüfdatum und Umfang sowie evtl. weitere Prüfungen**
- **Prüfergebnis mit Feststellung technischer Fehler und Gutachten für einen fortlaufenden Betrieb**
- **Termine und weitere Angaben für notwendige Nachprüfungen**
- **Persönliche Daten des Prüfers und/oder der prüfenden Organisation (Name, Adresse)**

Die Prüfung nach FEM 4.004 „Regelmäßige Prüfung von Flurförderzeugen" gilt für angetriebene Flurförderzeuge nach ISO 5053, für Mitgänger-Flurförderzeuge und für Geräte mit oder ohne Hubfunktion. Die Fédération Européenne de la Manutention (oder auf Deutsch: Europäische Vereinigung der Förder- und Lagertechnik) ist ein europäischer Wirtschaftsverband. Die FEM 4.004 basiert auf der DGUV Vorschrift 68 und der Betriebssicherheitsverordnung (BetrSichV). Im Rahmen der mindestens jährlich durchzuführenden und zu dokumentierenden Prüfung werden sowohl die Ausrüstung als auch der Zustand des Staplers geprüft und beurteilt. Konkret werden folgende Punkte anhand einer standardisierten Checkliste überprüft:

- **Hubeinrichtungen**
- **Fahrantrieb und Bremsen**
- **Fahrersitze und Bedienelemente**
- **Elektrische Ausrüstung**

- Hydrauliksystem
- Fahrzeugrahmen und Sicherheitsausrüstung
- Verschiedene und spezielle Ausrüstungen
- Flurförderzeuge mit hebbarem Fahrerplatz
- Weitere Prüfungen nach Maßgabe des prüfenden Experten

FEM	FEDERATION EUROPEENNE DE LA MANUTENTION Product Group Industrial Trucks	FEM 4.004
	Regelmäßige Prüfung von Flurförderzeugen	2. Ausgabe 05.2009 (D)

7.3 Die Prüfplakette

Nach Abschluss einer Prüfung durch einen Sachkundigen und unter der Voraussetzung, dass die Prüfung bestanden wurde, wird eine Prüfplakette erstellt, die für alle Mitarbeiter gut sichtbar am Gabelstapler anzubringen ist. Gleichzeitig erinnert diese Prüfplakette genau wie bei jedem PKW an den Termin der nächsten Prüfung.

Die Prüfplakette kann an diesen Stellen zu finden sein!

Hauptsache ist aber, dass Sie für jedermann gut sichtbar am Gabelstapler angebracht ist.

8. Umgang mit der Last

Natürlich besteht die Hauptaufgabe eines Gabelstaplers und Ihrer Tätigkeit darin, Last von „A nach B“ zu transportieren, auf geforderte Höhen zu heben und ein- bzw. auszulagern. Hierbei gibt es bei Ihrem täglichen Umgang mit der Last einige Besonderheiten, die Sie kennen und beachten müssen, um einem Unfallrisiko aus dem Wege zu gehen.

8.1 Die Lastaufnahme

Stapler vor der Lastaufnahme

Eine ganze Reihe von Kontrollen werden von Ihnen im Rahmen Ihrer Tätigkeit im Zusammenhang mit der Lastaufnahme gefordert. Am Anfang ist es empfehlenswert, diese Kontrollen bei einer Lastaufnahme gedanklich durchzugehen. Aber keine Sorge, mit der Zeit werden Ihnen diese Kontrollen in Fleisch und Blut übergehen.

Auf diese wichtigen Punkte haben Sie vor Aufnahme der Last zu achten:

- **Masse (Gewicht) der Last**
- **Tragfähigkeit des Gabelstaplers**
- **Kann die Last überhaupt mit der Staplergabel aufgenommen werden?**
- **Sicherheit verwendeter Lastaufnahmemittel**
- **Prüfen Sie, ob die Last zum Stapeln geeignet ist (falls nicht, steht eine entsprechende Information an der Last)**
- **Ermitteln Sie den Lastschwerpunkt: Länge der Last / 2**

Wenn Sie diese kleine Checkliste abgearbeitet haben und sich somit sicher sind, dass Sie die Last aufnehmen können, überprüfen Sie zuletzt die **Ausrichtung der Gabelzinken**. Diese müssen immer **auf die entsprechende Last eingestellt** sein. Wenn Sie den Gabelstapler dahingehend überprüft haben, dass Sie eine Last aufnehmen könnten, muss nun die Last selber überprüft werden. Da Sie zum Zeitpunkt der Aufnahme für die **Last** verantwortlich sind, prüfen Sie diese vorher auf **sichtbare Defekte**. Kontrollieren Sie, ob die Last palettiert ist. Bei der **Verwendung von Paletten** ist Folgendes zu beachten:

- Palette nicht einseitig beladen
- Last gleichmäßig verteilen, Schwerpunkt möglichst in der Mitte
- Bei Verwendung von Stahlbändern oder Zurrgurten darauf achten, dass keine Holzleisten beschädigt werden
- Beschädigte Paletten, wenn möglich, reparieren
- Defekte Paletten sofort aussondern
- Nur geeignete Lastaufnahmemittel verwenden

Bei **unpalettierter Ware** ist allerdings noch mehr Vorsicht geboten. Wenn Sie auch hier die Ware überprüft haben, steht einer Aufnahme der Last nichts mehr im Wege. Beachten Sie nur, dass die Last so weit wie möglich am Gabelrücken anliegt, so dass höchste Standsicherheit gewährleistet ist (siehe Kap. 5.5).

Grundsätzliches Vorgehen bei der Lastaufnahme (eine Etage)

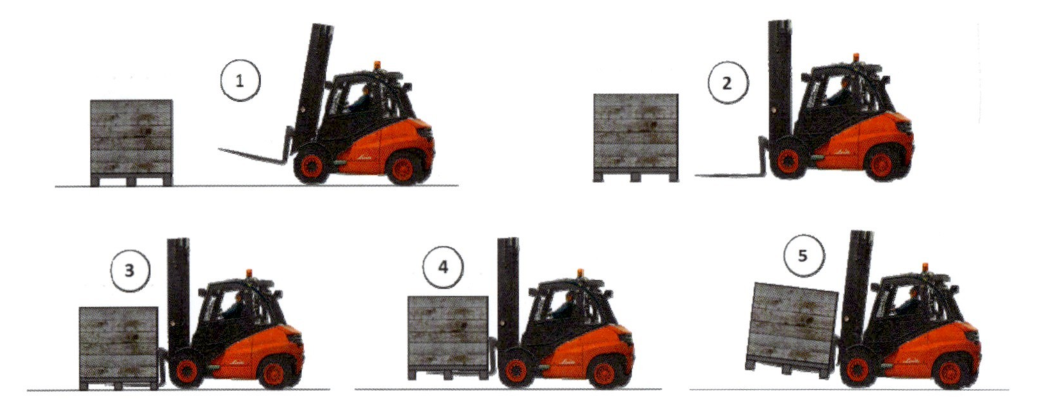

(1) mit zurückgeneigtem und abgesenktem Hubgerüst zur Last fahren,

(2) Hubgerüst senkrecht stellen,

(3) so weit wie möglich zur Last fahren,

(4) Last hochheben,

(5) Last zurückneigen.

Richtiger Transport:

- Lasten dürfen nur „bodenfrei“ verfahren werden. Das bedeutet ein maximales Anheben über dem Boden von 50 cm zum Fahren. Über 50 cm darf das Lastaufnahmemittel nur zum Aufnehmen oder Absetzen der Last angehoben werden.
- Die Unterkante der Palette soll ca. 10 – 20 cm über dem Boden sein.
- Immer mit abgesenktem und zurückgeneigtem Hubgerüst fahren.

Grundsätzliches Vorgehen bei der Lastaufnahme (mehrere Etagen)

(1) mit zurückgeneigtem und abgesenktem Hubgerüst zur Last fahren,

(2) Hubgerüst in Senkrechtstellung bringen,

(3) Hubgerüst in die entsprechende Höhe bringen,

(4) Einfahren der Gabelzinken (Die Last soll möglichst nahe am Gabelrücken aufgenommen werden, es ist allerdings auf durchragende Gabelspitzen zu achten!),

(5) Vor dem Hochheben Fahrzeug einbremsen, Last leicht anheben (Auf Raumhöhe achten),

(6) Hubgerüst zurückneigen (Auf lose Teile achten),

(7) Bremse lösen, Blick nach hinten und zurückfahren (Auf Personen in der Umgebung des Staplers achten),

(8) Last absenken und in Transportstellung bringen (ca. 10 – 20 cm über der Fahrbahn).

Grundsätzlich soll die Last so aufgenommen werden, dass der Schwerpunkt so nahe wie möglich beim Gabelrücken liegt. Bei ausreichender Tragfähigkeit kann die Last auch so aufgenommen werden, dass sie vorne mit den Gabelspitzen abschneidet.

Dies ist vor allem bei LKW- oder Waggonbeladungen oder bei Hochregalen notwendig (durchragende Gabelspitzen!).

Hierbei ist aber zu beachten, dass sich der Schwerpunktsabstand verlängert – im Lastendiagramm berücksichtigen!

Fehler bei der Lastaufnahme

Gabeln zurück geneigt:

- Schäden an den Deckbrettern der Palette oder an der Unterseite der Last

Gabeln nach vorne geneigt:

- Schäden an der dem Stapler zugewandten Seite der Last

Gabeln zu lang:

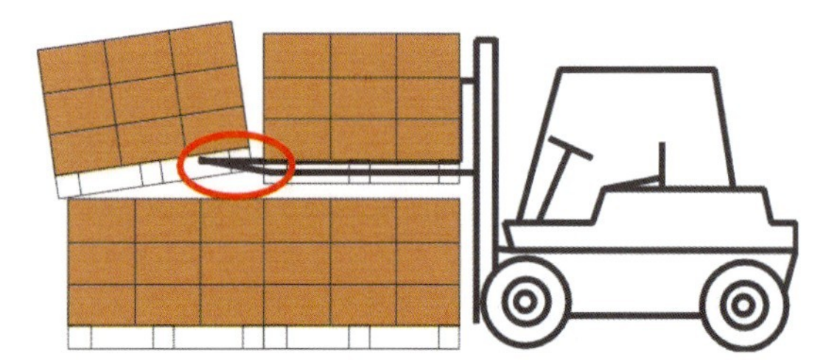

- Paletten hinter der aufgenommenen Last werden beschädigt

Gabeln zu kurz:

- Last rutscht ab

Grundsätzliche Sicherheitsvorkehrungen

Bei allen Arbeitsvorgängen müssen Sie grundsätzliche Sicherheitsvorkehrungen berücksichtigen:

- die Stabilität und Eignung der Unterlage,
- die Standfestigkeit der Lagerung selbst,
- die Standfestigkeit der für die Lagerung verwendeten Einrichtungen,
- die Beschaffenheit der Gebinde oder Verpackungen (insbesondere bei Gasflaschen und Gefahrgütern),
- den Böschungswinkel von Schüttgütern,
- den Abstand der Lagerungen zueinander oder zu Bauteilen oder Arbeitsmitteln,
- mögliche äußere Einwirkungen.

Tragfähigkeit von Regalen und Böden

Nun ist es Ihre Aufgabe, diese Last auf eine Höhe von 2,20 m in ein Regal zu heben. Nach Kapitel 5 beachten Sie dabei zunächst die **Veränderung der Schwerpunkte und des Lastschwerpunkts**.

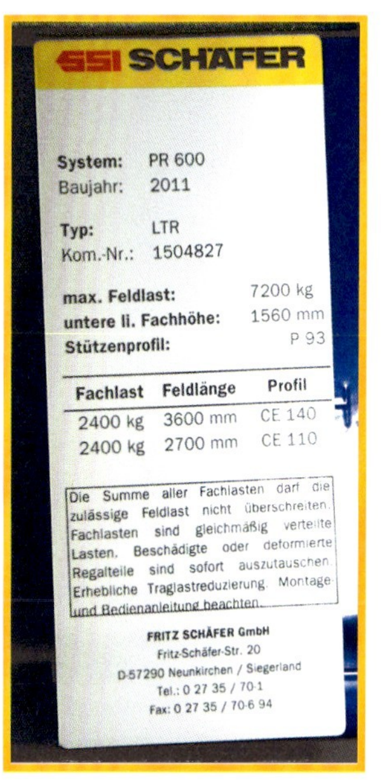

Hinzu kommt die **Tragfähigkeit der Regalsysteme (Feldlast)**. Diese ist von Regal zu Regal unterschiedlich, aber die benötigten Informationen können Sie bei jedem größeren Regal auf einem Schild nachlesen.

Auch Böden sind nicht immer so fest, wie sie aussehen. Insbesondere beim Befahren von unterkellerten Böden ist besondere Aufmerksamkeit der Bodenbelastbarkeit zu widmen.

8.2 Der Lastentransport

- Transportstellung ca. 10 – 20 cm über dem Boden.
- Last immer mit zurückgeneigtem Hubmast transportieren.
- Bei Benutzung von Anbaugeräten das entsprechende Lastendiagramm beachten.
- Nie ruckartig anfahren oder bremsen.
- Bestimmungen der Straßenverkehrsordnung beachten.
- Die Last auf Steigungen immer bergwärts führen.
- Kurven immer langsam und vorsichtig befahren, möglichst großer Kurvenradius.
- Nur geeignete Fahrwege benutzen (eben, fest, tragfähig).
- Beim Befahren von unterkellerten Bereichen Deckenbelastung beachten (diese ist am Gebäude angegeben – in kg/m² oder in t/m²).
- Beim Befahren von Brücken, Bühnen, Abdeckungen, Aufzügen, Verladerampen usw. ist das Gesamtgewicht (Stapler + Ladung + Fahrer) gegenüber der angegebenen Tragfähigkeit zu beachten.
- Einfahrtshöhen und –breiten in Gebäuden beachten (freie Gangbreite, beidseitig mindestens 0,5 m).
- Bei Fahrten in Hallen mit erhöhter Vorsicht fahren.
- Pendeltüren in der Mitte anfahren, Schrittgeschwindigkeit fahren, Warnsignale abgeben, Sichtverbindung muss in beide Richtungen gegeben sein.
- Bahnübergänge immer langsam und im rechten Winkel überqueren.
- Beim Befahren von Verladerampen auf Absturzgefahr und Tragfähigkeit achten.
- Bei Gefahr müssen grundsätzlich Warnsignale abgegeben werden.
- Bei Dunkelheit oder schlechter Sicht Beleuchtung einschalten.
- Gabelstapler mit Fahrerstand oder -sitz dürfen nicht von außen betätigt werden.
- Fahrzeug nie bei angehobener Last verlassen.

8.3 Absetzen der Last

(1) In Transportstellung mit zurückgeneigtem Hubgerüst langsam an den Stapel heranfahren.

(2) Fahrzeug einbremsen, die Last mit zurückgeneigtem Hubgerüst leicht über Stapelhöhe hochfahren.

(3) Bremse lösen und über die Ablagestelle fahren.

(4) Hubgerüst vorneigen.

(5) Fahrzeug einbremsen, wenn sich die Last genau über dem Stapel befindet, diese absetzen, Gabeln etwas absenken.

(6) Bremse lösen, Blick nach hinten und zurückfahren; beim Zurückfahren Lenkeinschlag beachten (Gefahr durch Ausscheren der Gabelzinken).

(7) Gabeln wieder in untere Stellung bringen.

(8) Gabeln in Transportstellung zurückneigen.

Beim Herausfahren aus der Last ist darauf zu achten, dass die Gabelzinken nicht die Palette durch das senkrecht gestellte Hubgerüst mitnehmen bzw. durch den Lenkeinschlag die Last verrückt wird.

Auswahl der Abstellplätze

Nicht immer werden Lasten auf festen, dafür vorgesehenen Lagerplätzen abgestellt. Im Rahmen von Lagertätigkeiten kommt es immer wieder mal vor, das Lasten zeitweilig abgestellt werden müssen. Berücksichtigen Sie dabei unbedingt, dass Sie Lasten auch nicht zeitweilig z.B. an folgenden Orten abstellen dürfen:

- auf Fahrwegen
- vor Ein und Ausgängen
- vor Notausgängen und in Durchgängen
- vor Kranaufstiegen
- vor elektrischen Schaltanlagen
- auf Laderampen
- auf Gerüsten
- Leitern, Leiterpodesten und Treppen
- vor Sicherheitseinrichtungen (Telefon, Brandmelder, Feuerlöscher, Hydranten, Sanitäts- und Erste-Hilfe-Einrichtungen)
- in Gleisbereichen

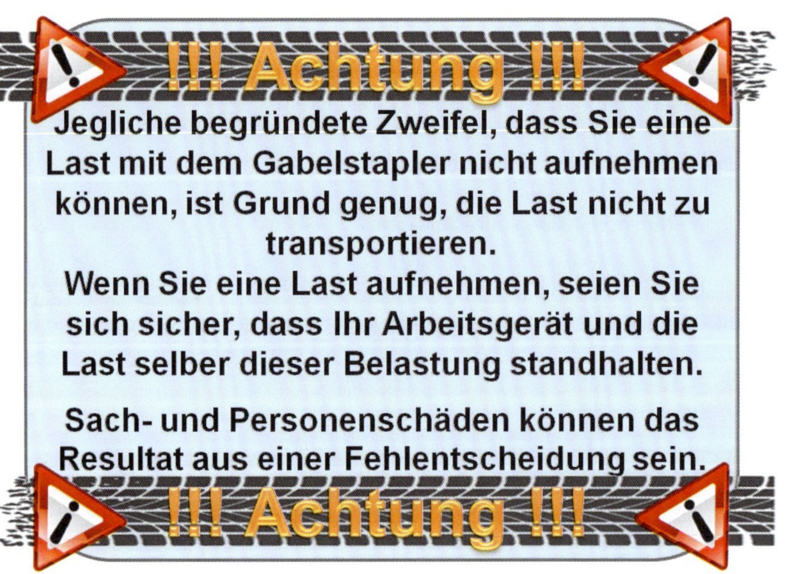

8.4 Be- und Entladung von Anhängern oder Wechselbrücken

Als Staplerfahrer pendeln Sie zwischen dem Lager und dem Lkw. Aber auch das Be- und Entladen birgt Gefahren immer dann, wenn der **LKW** nicht **gegen Wegrollen gesichert** ist (Handbremse, Unterlegkeil).

Gefährlich kann auch die Be- und Entladung einer Wechselbrücke sein. Vergewissern Sie sich stets, ob Sie **Wechselaufbauten** befahren können, in dem Sie sich über die ausreichende **Tragfähigkeit**, **Standsicherheit** (gesichert gegen Kippen) und die auftretenden Belastungen erkundigen.

8.5 Freie Sicht

Als Gabelstaplerfahrer sollten Sie nur Lasten aufnehmen, die so hoch sind, dass Sie von der Fahrerkabine aus in Fahrtrichtung auf die Fahrbahn sehen können. So ist gewährleistet, dass Sie die Möglichkeit haben, Hindernisse früh zu erkennen und diesen ausweichen zu können. Sollten Sie allerdings doch einmal eine Last aufnehmen, die Ihnen die Sicht versperrt, müssen Sie rückwärts oder mit Hilfe eines Einweisers fahren. Jede Hilfe ist besser als ein Unfall.

8.6 Umgang mit hängenden Lasten

Der Transport von hängenden Lasten ist nur mit den vorgesehenen Geräten möglich und zulässig. (z.B. Containerstapler oder entsprechende Anbaugeräte mit zugelassenem Hebezeug)

- Weiterhin darf der Stapler dafür nur eingesetzt werden, wenn Hersteller oder Lieferer dies als bestimmungsgemäße Verwendung vorgesehen hat. Diese Transportart muss auch mit den örtlichen Betriebsbedingungen vereinbar sein, z.B. muss die Standsicherheit nachgewiesen sein.
- Die benutzten Anschlagmittel dürfen sich nicht unbeabsichtigt lösen oder verschieben.
- Der Fahrer muss darauf achten, dass die Last nicht pendelt, um die Standsicherheit zu gewährleisten und um nicht andere Personen zu gefährden.
- Sollten andere Personen die Last führen, darf das nur von der Seite außerhalb des Fahrwegs geschehen. Es sollten hierfür Hilfsmittel (Führungsseil) benutzt werden.
- Der Fahrer muss diese Personen ständig beobachten, um sie nicht zu gefährden.

8.7 Umgang mit Gefahrstoffen

Der Transport von Gefahrstoffen als Last auf einem Gabelstapler ist mit größeren Risiken als bei „normalen" Lasten verbunden.

Auslaufende oder austretende Gefahrstoffe können Sie selber gefährden, aber auch durch Eindringen in unbefestigten Boden oder in eine Kanalisation können große Gefahren für Ihre Kollegen und die Umwelt entstehen. Freiwerdende Dämpfe können sich entzünden, das Vermischen verschiedener Produkte zu gefährlichen Reaktionen führen.

Achten Sie bei diesen Lasten ganz besonders auf unbeschädigte Verpackungen und auf eine sichere Befestigung auf dem Lastträger.

Fahren Sie mit solchen gefährlichen Lasten noch umsichtiger und vorausschauender als im Normalfall.

Sollte Ihnen ein Unfall mit einem Gefahrstoff passieren, verhalten Sie sich unbedingt folgendermaßen:

Gehen Sie kein Risiko ein!

- Schalten Sie sofort den Gabelstapler aus und sichern diesen.
- Begeben Sie sich sofort aus der unmittelbaren Gefahrenzone, insbesondere, wenn Dämpfe erkennbar sind.
- Schalten Sie sofort den Gabelstapler aus und sichern diesen.
- Infomieren Sie umgehend die vorgeschriebenen Einsatzkräfte (Werksfeuerwehr oder örtliche Feuerwehr), den Gefahrgutbeauftragten und Ihren Vorgesetzten. Geben Sie dabei Ihren Namen, den genauen Unfallort, eventuelle Verletzte und Beteiligte, den Umfang des Unfallgeschehens, die beteiligten

Stoffe bzw. die Gefahren, die von diesen ausgeht anhand der Gefahrenkennzeichnungen auf den Versandstücken

- Warten Sie unbedingt auf Rückfragen der Einsatzleitstelle, bevor Sie das Gespräch beenden
- Warnen Sie andere Mitarbeiter in der Nähe der Unfallstelle
- Sichern Sie den Gefahrenbereich weiträumig ab, wenn dies gefahrlos möglich ist
- Versuchen Sie, das Eindringen von Flüssigkeiten in die Kanalisation zu verhindern, wenn dies gefahrlos möglich ist
- Warnen Sie andere Mitarbeiter vor der Verwendung von Zünd- und Wärmequellen (Rauchverbot!)
- Warnen Sie andere Mitarbeiter, die eventuell durch Dämpfe gefährdet werden können.
- Wenn vorhanden, benutzen Sie auf jeden Fall geeignete Schutzausrüstung
- Ergreifen Sie diese Maßnahmen nur unter Beachtung Ihres Eigenschutzes. Gefährden Sie sich auf keinen Fall selber
- Warten Sie an einer sicheren Stelle auf das Eintreffen der Einsatzkräfte und weisen diese in die Unfallstelle ein

Alle weiteren nötigen Informationen zur richtigen Verhaltensweise entnehmen Sie Ihrer Betriebsanweisung.

9. Besondere Einsätze

Im Alltag des Gabelstaplerfahrers kommt es natürlich auch vor, dass man Tätigkeiten verrichtet, die nicht unbedingt zu den üblichen Vorgängen gehören. Dennoch ist es wichtig, dass Sie eben auch diese besonderen Einsätze meistern können. Dieses Kapitel unterrichtet Sie darüber, welche besonderen Einsätze in Ihrem täglichen Umgang mit dem Gabelstapler auftreten können.

9.1 Arbeitsbühnen

Im Verlauf Ihrer Tätigkeiten kann es passieren, dass Arbeiten an Stellen verrichtet werden müssen, die ohne Weiteres nicht zu erreichen sind. In diesem Falle bedient man sich einer Arbeitsbühne, sofern das die Tragfähigkeit des Gabelstaplers erlaubt. Die Arbeitsbühne muss so konstruiert sein, dass der Schutz des Mitarbeiters, der auf der Arbeitsbühne arbeitet, zu jedem Zeitpunkt gewährleistet ist. Im Bild rechts sehen Sie eine Arbeitsbühne, wie sie aussehen muss. Wenn ein Mitarbeiter auf dieser Bühne arbeitet, ist besondere Vorsicht geboten, denn Sie sind für die Sicherheit verantwortlich.

Grundsätzlich sind folgende Sicherheitsmaßnahmen erforderlich:

- Arbeiten nur mit genehmigtem Arbeitskorb.
- Stapler muss für den Arbeitskorb vorgesehen sein.
- Betriebsanleitung beachten.
- Nur für kurzfristige Arbeiten erlaubt.
- Personen im Korb müssen geeignet und unterwiesen sein.
- Personen im Arbeitskorb sollten zur optimalen Sicherheit mit persönlicher Schutzausrüstung gegen Absturz (PSAgA) gesichert sein. Empfehlenswert ist ein Rückhaltesystem.
- Angabe des höchsten zulässigen Gesamtgewichtes.
- Angabe der zulässigen Personenanzahl im Korb.
- Zulässige Personenanzahl und Nutzlast nicht überschreiten.
- Nur für das Arbeiten erforderliche Material und Werkzeug mitnehmen.

- Beim Betreten oder Verlassen den Korb auf eine sichere Unterlage abstellen.
- Standplatz im Arbeitskorb darf nicht erhöht werden (z.B. durch Leitern).
- Verständigungsmöglichkeit.
- Standsicherheit beachten (Tragfähigkeit des Bodens, Bereifung).
- Handbremse anziehen.
- Nur auf Anweisung der Personen im Arbeitskorb hochheben oder senken.
- Bedienstand muss besetzt bleiben.
- Fahren verboten.
- Nur Versetz-Fahrten erlaubt.
- Hub- oder Senkgeschwindigkeit max. 0,5 m/s.
- Geländer mindestens 1 m hoch und mindestens 1 Mittelstange.
- Die Tür darf nicht nach außen öffnen.
- Durch Warnmarkierung gekennzeichnet.
- Bei Gefahr durch herabfallende Güter – Schutzdach erforderlich oder Schutzhelm.
- Arbeitskörbe müssen gegen Abgleiten, Abziehen und Kippen gesichert sei.
- Wiederkehrende Überprüfung.

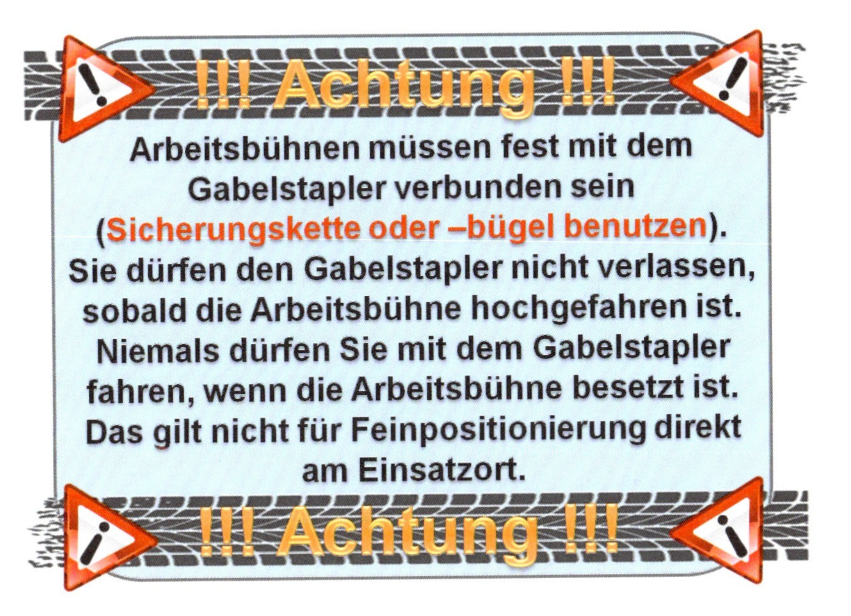

9.2 Öffentlicher Straßenverkehr

Grundsätzlich gilt für den Gabelstapler, dass dieser nur auf dem Betriebsgelände eingesetzt wird. Es kann aber auch vorkommen, dass Sie das Betriebsgelände wechseln müssen und dabei eine Straße überqueren, die der Straßenverkehrsordnung (StVO) unterliegt.
Sobald Sie mit Ihrem Gabelstapler eine Straße befahren, die nicht zum Betriebsgelände gehört, sind Sie offizieller Verkehrsteilnehmer und unterliegen dem Straßenverkehrsrecht.

Das Befahren öffentlicher Straßen unterliegt einigen Bedingungen:

Bestimmungen für den Fahrer

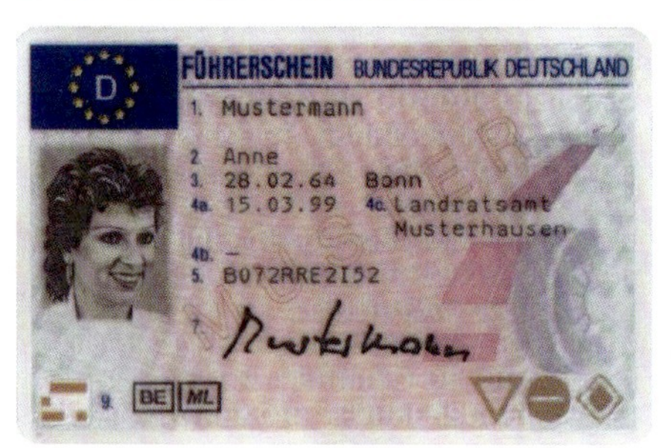

Neben dem Betriebsberechtigungsschein (Fahrausweis) benötigen Sie mindestens einen Führerschein der Klasse L, wenn die Benutzung öffentlicher Verkehrswege notwendig für Ihre Tätigkeit ist.

Je nach Staplertyp und Anhängerbetrieb ist im öffentlichen Straßenverkehr ein bestimmter Führerschein erforderlich:

Führerschein Klasse ALT	Führerschein Klasse NEU	Zulässige Gesamtmasse des Staplers	Zulässige Höchstgeschwindigkeit	Zulässige Anhängerlast
frei	frei	unbegrenzt	6 km/h	unbegrenzt
5 oder 3	L	unbegrenzt	25 km/h	unbegrenzt
3	B	3500 kg	unbegrenzt	750 kg
3	BE	3500 kg	unbegrenzt	über 750 kg
3	C1	7500 kg	unbegrenzt	750 kg
2	C	über 7500 kg	unbegrenzt	750 kg
2	CE	über 7500 kg	unbegrenzt	über 750 kg
–	T	unbegrenzt	40 km/h	unbegrenzt

Zulassungsbestimmungen für den Gabelstapler

Gabelstapler mit einer bauartbedingten **Höchstgeschwindigkeit von nicht mehr als 20 km/h** sind von der Zulassungspflicht befreit. Sie brauchen **kein amtliches Kennzeichen**. Ein Schild, gut lesbar an den Seiten angebracht, mit Name und Anschrift des Besitzers, ist ausreichend.

Gabelstapler, die bauartbedingt **schneller als 20 km/h** fahren können, sind **zulassungspflichtig**. Sie müssen ein **amtliches Kennzeichen** haben, wenn sie am öffentlichen Straßenverkehr teilnehmen.

<u>Mitführen müssen Sie in jedem Fall die Betriebserlaubnis oder eine EG-Typengenehmigung</u>

Wie muss ein Gabelstapler beschaffen sein, wenn er am öffentlichen Straßenverkehr teilnimmt?

Grundsätzlich gelten für den Gabelstapler die gleichen **Bedingungen gem. StVZO**, wie für jedes andere Fahrzeug, das für den öffentlichen Straßenverkehr zugelassen ist.

Ausnahmen

Wie fast überall gibt es auch beim Betrieb von Gabelstaplern im öffentlichen Straßenverkehr Ausnahmen. Wenn Sie regelmäßig nur kurze Wege zurückzulegen haben, z.B. das Überqueren einer öffentlichen Straße, kann die Verkehrsbehörde eine Ausnahmegenehmigung erteilen. Sie kann mit Auflagen verbunden sein, z.B. Fahren nur bei Tageslicht oder Fahren nur in Begleitung eines Einweisers.

9.3 Anhänger und Eisenbahnwaggons

Sofern der Hersteller es zulässt, dürfen Sie mit Ihrem Gabelstapler ziehende Tätigkeiten verrichten. Wie der Kapitelabschnitt schon zeigt, geht es um Anhänger und Eisenbahnwaggons.
Solche Tätigkeiten dürfen Sie aber nur unter folgenden Bedingungen verrichten:

- **Anhänger und Stapler müssen sicher miteinander verbunden sein (Kupplungsvorrichtung).**
- **Ziehen Sie mehrere Anhänger, so muss der schwerste Anhänger zuerst angekuppelt werden.**
- **Überzeugen Sie sich davon, dass der/die Anhänger richtig angekuppelt ist/sind.**
- **Die "Zug"-Geschwindigkeit muss angepasst sein (Schrittgeschwindigkeit).**
- **Vergewissern Sie sich, dass der Kupplungsbolzen nicht gelöst werden kann.**
- **Bei Bewegung des Zuges im öffentlichen Straßenverkehr brauchen Sie, entsprechend der Achszahl die dafür vorgesehene Fahrerlaubnis.**

Schienenfahrzeuge dürfen grundsätzlich nicht mit Gabelstaplern geschleppt werden, wenn sie nicht dafür zugelassen sind. Bei dieser Arbeit sind Drehhaken, Sliphaken oder Waggonrangiergeräte zu verwenden. Bei dieser Tätigkeit sind die Kenntnisse der Betriebsanweisung besonders wichtig.

Der an den meisten Gabelstaplern befindliche Schleppbolzen dient nicht dem Ziehen von Anhängern. Hierzu ist eine vorschriftsmäßige Anhängerkupplung erforderlich.

Ob mit Ihrem Gabelstapler Anhänger gezogen werden dürfen, entnehmen Sie der Bedienungsanleitung.

9.4 Feuerflüssige Massen

Eine Einsatzmöglichkeit eines Gabelstaplers kann sich in Schmelzanlagen oder Gießereien befinden. Damit geht der Transport von feuerflüssigen Massen einher, und das bedeutet zu Ihrem eigenen Schutz besondere Sicherheitsvorkehrungen:

- **Der Stapler muss für diesen Einsatzzweck zugelassen sein.**
- **Das Tragen der persönlichen Schutzausrüstung gem. Betriebsanweisung ist unbedingt erforderlich.**
- **Das Führerhaus des Gabelstaplers muss durch ein Wärmeschutzglas abgesichert sein, sodass Sie vor Feuer und Wärme geschützt sind.**
- **Die Gefäße der feuerflüssigen Massen müssen unbedingt Vorrichtungen haben, die ein Lösen des Gefäßes von der Gabelstaplervorrichtung ausschließen.**
- **Beachten Sie die Besonderheiten beim Transport von Flüssigkeiten und bedenken Sie stets, dass auch flüssige Massen nicht unbeweglich sind. Ein bedachter Transport und ein angemessenes Tempo sind somit Pflicht.**
- **Bei kraftstoffbetriebenen Staplern darf der Tank und das Kraftstoffsystem nicht durch die Hitzeentwicklung gefährdet sein.**
- **Bei batteriebetriebenen Staplern muss die Batterie (Säure!!) ggf. gegen die Hitzeeinwirkung geschützt sein.**
- **Bei Brennstoffzellen ist der Einsatz ggf. gar nicht erlaubt (Explosionsgefahr). Unbedingt Bedienungsanleitung beachten!**
- **Luftreifen sind in heißer Umgebung ungeeignet und daher verboten.**

9.5 Einsatz von kraftstoffbetriebenen Gabelstaplern in Hallen

Kraftstoffbetriebene Gabelstapler können nur beschränkt in Hallen eingesetzt werden, denn durch Ihre Abgase sind die Umwelt und die Gesundheit aller Mitarbeiter gefährdet. Bei Anschaffung neuer Gabelstapler obliegt es also dem Unternehmen zu prüfen, ob mit einem Elektrogabelstapler oder einem Treibgasstapler auszukommen ist.

Sollte nach der eingehenden Prüfung des Unternehmers festgestellt werden, dass ein Gabelstapler mit Dieselmotor weiterhin notwendig ist, so muss dieser bei der zuständigen Behörde angemeldet werden, es sei denn, der Gabelstapler wird nur im Freien verwendet.

Wenn dieselbetriebene Gabelstapler in Hallen eingesetzt werden, müssen diese mit einem Dieselpartikelfilter ausgestattet sein. Weiterhin muss dem Dieselkraftstoff ein Zusatz beigemischt werden, der die Abgasproduktion schon beim Betrieb des Gabelstaplers mindert. Das Mischungsverhältnis der Kraftstoffe finden Sie in der Betriebsanleitung, steht aber normalerweise im Verhältnis 1:1000.

Flurförderzeuge mit Dieselantrieb und Rußfilter dürfen in Gebäuden noch eingesetzt werden, wenn:

- eine Tragkraft von mehr als 5 t erforderlich ist,
- bei der Fahrt häufig Höhenunterschiede von mehr als 1 m überwunden werden müssen,
- Transportvorgänge mit Einzelwegstrecken von über 80 m zurückzulegen sind oder
- ein ungewöhnlich hoher Batterieverschleiß bzw. eine Gefährdung der Batterie durch starke Vibration oder Einwirkung von Wärme vorliegt.

10. Verkehrszeichen, Verkehrsregeln und Verkehrswege und Sicherheits- und Gesundheitsschutzkennzeichen

Arbeitsplätze sind durch den Unternehmer gemäß der Verordnung über Arbeitsstätten den gesetzlichen Anforderungen zu gestalten. Dazu werden zur Ausführung dieser Verordnung Technische Regeln für Arbeitsstätten (ASR) herausgegeben.

Für die Gestaltung von Verkehrswegen in Betrieben findet die ASR 1.8 „Verkehrswege" Anwendung.

Für die Sicherheits- und Gesundheitsschutzkennzeichnung von Arbeitsstätten dient die ASR 1.3.

Weiterhin muss für den innerbetrieblichen Transportbetrieb eine Verkehrsregelung erfolgen. Diese entspricht im Allgemeinen den Regelungen der Straßenverkehrsordnung.

Darüber hinaus gehende Kennzeichnungen sind Ihnen in der betrieblichen Sicherheitsunterweisung vor Aufnahme Ihrer Staplertätigkeiten mitzuteilen.

10.1 Verkehrszeichen und Sicherheits- und Gesundheitsschutzkennzeichen

Verbotszeichen haben eine kreisrunde Form. Darin befindet sich ein roter Kreis auf weißem Untergrund, der normalerweise rot durchgestrichen ist. Beispiele für Verbotszeichen sind:

Diese Schilder zeigen Ihnen an, dass entsprechende Handlungen verboten sind. Hüten Sie sich, diese Schilder zu ignorieren. Zuwiderhandlung birgt für Sie und allen Beteiligten erhebliche Gefahr und wird in jedem Fall durch den Unternehmer und das Gesetz bestraft.

Gebotszeichen haben eine kreisrunde Form. Der Untergrund ist blau und es befinden sich weiße Symbole darin. Beispiele für Gebotszeichen sind:

Gebotszeichen sind dazu da, Ihnen gewisse Schutzmaßnahmen bei bestimmten Tätigkeiten zu gebieten. Halten Sie sich an diese Zeichen, denn sie dienen allgemein Ihrem Schutz und ermöglichen Ihnen bei Einhaltung ein sicheres Arbeiten und langfristigen Gesundheitsschutz.

Warnzeichen haben eine dreieckige Form. Die Hintergrundfarbe ist gelb und das Dreieck hat einen schwarzen Rand. Beispiele für Warnzeichen sind:

Diese Warnzeichen tauchen während Ihrer Arbeit als Gabelstaplerfahrer am häufigsten auf. Sie warnen Sie vor evtl. auftretenden Gefahren. Seien Sie also vorsichtig bei Ihrer Tätigkeit, wenn Sie ein solches Warnschild sehen.

Rettungszeichen haben eine quadratische bzw. rechteckige Form. Der Untergrund ist grün, darauf befinden sich weiße Symbole. Die Zeichen haben meistens einen weißen Rand. Beispiele für Rettungszeichen sind:

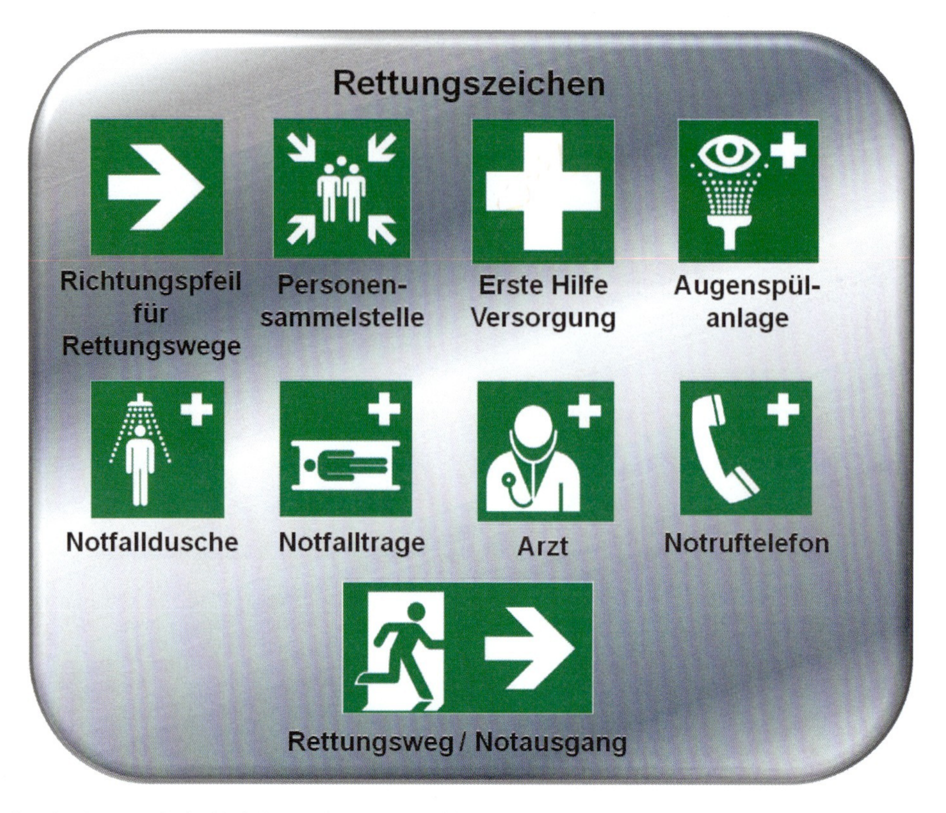

Sollte doch einmal ein Unfall passieren, sind Sie dazu verpflichtet, Hilfe zu leisten. Die Rettungszeichen zeigen Ihnen im Ernstfall, wo Sie etwaige Notfalleinrichtungen finden können bzw. wohin Sie sich im Gefahrenfalle begeben müssen. Benutzen Sie diese Notfalleinrichtungen nie ohne einen wirklichen Notfall, damit diese immer einsatzbereit sind.

Brandschutzzeichen haben eine quadratische bzw. rechteckige Form. Der Untergrund ist rot, darauf befinden sich weiße Symbole.

Die Brandschutzzeichen zeigen Ihnen, wo Sie Einrichtungen zum Löschen von Entstehungsbränden, wie Feuerlöscher oder Wandhydranten, finden können. Sie zeigen Ihnen aber auch, wo Sie Brandmeldeeinrichtungen vorfinden.

!!! Achtung !!!

Sie sollen als gewissenhafter Gabelstaplerfahrer keine Schilder auswendig lernen.

Aber Sie müssen in der Lage sein, die Bedeutung der Schilder richtig zu deuten.

Achten Sie stets auf solche Schilder, denn Sie dienen dazu, Sie zu schützen und ggf. Leben zu retten.

10.2 Verkehrsregeln und Verkehrswege

Ähnlich, wie im regulären Straßenverkehr, gibt es auch in Ihrem Unternehmen Verkehrsregeln und -wege, die es zu beachten gilt. Verkehrsregeln und auch festgelegte Verkehrswege befinden sich in der Betriebsanweisung des Unternehmens. In vielen Fällen weist die Betriebsanweisung auf die allgemeingültige Straßenverkehrsordnung hin.

Das bedeutet, hier gelten hier die Grundsätze der Straßenverkehrsordnung, wie z.B. die Regelung „Rechts vor Links“, insbesondere da, wo keine Verkehrszeichen bzw. markierte Verkehrswege den Verkehr regeln.

Wege für den Fahrzeugverkehr

Fußgänger- und Fahrzeugverkehr sind so zu führen, dass Beschäftigte nicht gefährdet werden. Wege für den Fahrzeugverkehr müssen in einem Mindestabstand von 1 m an Türen und Toren, Durchgängen, Durchfahrten und Treppenaustritten vorbeiführen. Der Fußgängerverkehr sollte in diesen Bereichen zusätzlich durch ein Geländer vom Fahrzeugverkehr getrennt werden.

Denken Sie daran,

- **dass Verkehrswege und Fußwege nach Möglichkeit auseinander zu halten sind**
- **dass Sie Verkehrswege in jedem Fall freihalten**
- **dass Sie Fluchtmöglichkeiten nicht behindern**
- **dass der Boden unter Ihren Rädern einen Gabelstapler tragen kann**
- **dass Sie nur mit an die Fahrbahnverhältnisse und ggf. Witterungsverhältnisse angepasster Geschwindigkeit fahren**
- **dass Sie Bodenunebenheiten und schlechte Bodenbeschaffenheiten erkennen und ggf. vorsichtig durch- oder umfahren**

Die **Kennzeichnung** von **Gefahrenstellen** und **Hindernissen** erfolgt durch gelb-schwarze oder rot-weiße Streifen.

Gelb-schwarze Streifen werden i.d.R. für **ständige** Hindernisse und Gefahrenstellen verwendet. Diese findet man auch sehr oft als Fahrbahnmarkierungen für die Fahrwege der Gabelstapler.

Rot-Weiße Streifen dagegen werden i.d.R. für **zeitlich begrenzte** Gefahrenstellen und Hindernisse verwendet, z.B. bei Reparatur- oder Bauarbeiten im Betrieb.

Das Durchfahren von Toren bzw. das Befahren von engen, unübersichtlichen Wegen fordert eine hohe Aufmerksamkeit vom Staplerfahrer.

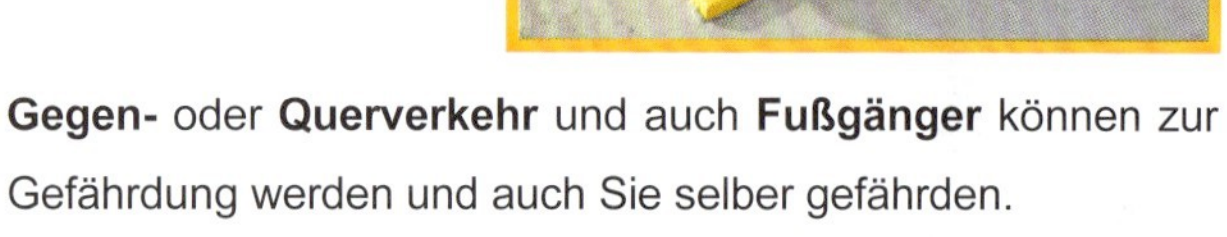

Gegen- oder **Querverkehr** und auch **Fußgänger** können zur Gefährdung werden und auch Sie selber gefährden.

Verringern Sie hier auf jeden Fall Ihre Geschwindigkeit. In vielen Betrieben gibt eine Warnleuchte, durch eine Lichtschranke gesteuert, ein Warnsignal.

Benutzen Sie, wenn vorhanden Sicherheitssysteme Ihres Gabelstaplers beim **Rückwärtsfahren** durch Tore oder bei engen und unübersichtlichen Stellen.

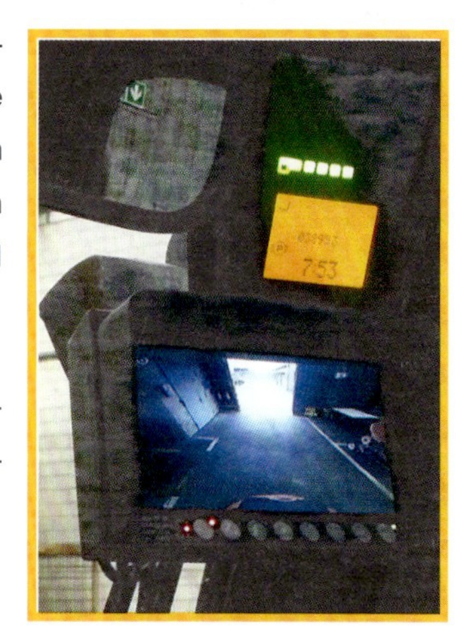

Dazu können Sie immer Ihre Hupe benutzen oder spezielle Sicherheitssysteme wie Rückfahrkameras und optische Fahrwegeinrichtungen.

Fahren im Außenbereich

Es macht natürlich einen Unterschied, ob Sie auf festem Untergrund fahren oder der Boden uneben ist. Bei Betrieben, die **Außenlagerung**, also Lagerung unter freiem Himmel betreiben, kann es passieren, dass mehrere **Unebenheiten** Ihren Fahrweg kreuzen. Achten Sie auf diese Unebenheiten und weichen Sie diesen ggf. aus, um sich selbst und auch andere nicht zu gefährden.

Benutzen Sie im Außenbereich auf unbefestigten bzw. unebenen Böden keine Gabelstapler mit ungeeigneter Bereifung. Das Reifenprofil und die Reifenart sind mit ausschlaggebend für Ihre Stand- und Fahrsicherheit.

Befahren von Lade- und Wechselbrücken

Besondere Aufmerksamkeit gilt dann, wenn Sie **Ladebrücken und Wechselbrücken** befahren. Ladebrücken dienen dem Ausgleich von Höhenunterschieden und ermöglichen das Befahren von unterschiedlichen Ladeflächen.

Sie müssen sich immer davon überzeugen, dass die Ladebrücke **stabil** auf der Laderampenkante bzw. auf der Ladefläche **aufliegt**. Ein **Verrutschen** der Ladebrücke muss **ausgeschlossen** sein. Fahrzeuge müssen mit einer **Feststellbremse** und **Unterlegkeilen gesichert** sein. Die Ladefläche muss für das Befahren mit einem Gabelstapler zugelassen, stabil und unbeschädigt sein. Eine **Wechselbrücke** muss **gegen Umfallen gesichert** sein, die Stützen müssen genau wie die Ladefläche für das Befahren zugelassen und geeignet sein.

Die Ladebrücke muss technisch einwandfrei sein und darf keine Schäden aufweisen.

Sie müssen in die Bedienung und Sicherung einer Ladebrücke vor der Benutzung unterwiesen worden sein. Da Ladebrücken im Regelfall ungesichert sind, besteht sehr hohe **Kippgefahr**, wenn Sie auch nur einen cm zu weit nach links oder rechts fahren. Ein **seitlicher Sicherheitsabstand** von **mindestens 50 cm** ist für Sie Pflicht. Ansonsten dürfen Sie eine Ladebrücke mit Gabelstaplern nicht befahren.

Befahren von Laderampen

Laderampen dürfen von Gabelstaplern nur Befahren werden, wenn die Breite ausreichend ist. 50 cm zu beiden Seiten ist der Mindestabstand zur Kante und zu Gebäudeteilen. Da Laderampen die Höhe zur Ladefläche von Fahrzeugen ausgleichen besteht **Absturzgefahr**. Haben Sie die Kante immer im Blick. Beachten Sie Verschmutzungen und Nässe, wodurch sich Lenkung und Bremswege verschlechtern können. Sorgen Sie dafür, dass **keine Waren auf der Laderampe** abgestellt sind, die Ihren Fahrweg unzulässig einengen. Achten Sie auf **ausreichende Beleuchtung** und benutzen Sie nur die vorgeschriebenen Auf- und Abgänge. Springen Sie niemals von der Kante herunter.

Fahren in Regalgängen

Wenn Sie mit Ihrem Gabelstapler **Regalgänge** befahren müssen, achten Sie darauf, dass **keine Fußgänger** in Ihrem Fahrweg stehen. Auch kommt es immer wieder zu Unfällen, wenn Sie aus einem Regalgang herausfahren. Denn dadurch, dass Sie und auch Fußgänger durch die Regale weitaus **weniger Übersicht** haben, kann es passieren, dass plötzlich ein Fußgänger vor Ihrem Stapler steht. Fahren Sie vorausschauend, gemäßigt und bedacht. Die **Geschwindigkeit** ist beim Herausfahren auf **2,5 km/h** zu begrenzen („Kriechgeschwindigkeit").

Befahren von Toranlagen und Tordurchfahrten

Das **Durchfahren** von **Toren** bzw. das **Vorbeifahren** an Toren birgt für alle Beteiligten große Gefahren. Toranlagen, wo Gabelstaplerverkehre stattfinden, sollten für Fußgänger **getrennte Durchgänge** aufweisen. Überzeugen Sie sich davon, dass Sie mit Ihrem Stapler und der Last in **Höhe** und **Breite** durch das Tor passen.

Vergewissern Sie sich, dass z.B. Rolltore oder Schiebetore **vollständig geöffnet** und verriegelt sind. Rechnen Sie immer mit Fußgängern oder anderen Fahrzeugen. Fahren Sie quer zu Tordurchfahrten halten Sie einen **möglichst großen Sicherheitsabstand**, mindestens jedoch einen Meter. Ist die Situation sehr unüberschaubar, verlangsamen Sie Ihr Tempo und **hupen** sie eventuell.

Befahren von Aufzügen

Es kann erforderlich sein, mit einem Gabelstapler in einen **Aufzug** zu fahren. Hierfür sind nur **speziell dafür zugelassene Lastenaufzüge** geeignet. Das Befahren muss ausdrücklich **erlaubt** und **geregelt** sein. Überzeugen Sie sich immer davon, dass Höhe, Breite und die Gesamtlast des Gabelstaplers mit Ladung, Anbaugeräten und auch Ihr **Gewicht** für die **Befahrbarkeit** geeignet sind. Die **maximale Tragfähigkeit** des Aufzuges ermitteln Sie anhand eines Hinweisschildes am Aufzug. Lastenaufzüge haben häufig keine Innentüren zum Aufzugschacht. Stellen Sie einen ausreichenden Abstand zu den Schachtwänden sicher. Steigen Sie vom Gabelstapler ab, um die Steuerung des Aufzuges zu bedienen und bleiben Sie während der Aufzugfahrt neben dem Gabelstapler stehen.

Befahren von Gleisanlagen

Es kann problematisch sein, wenn Sie **Gleise** überqueren müssen. Durch die Erschütterung kann instabile Ware zu Bruch gehen oder auf den Gabelzinken verrutschen. Fahren Sie also auch hier langsam, immer mit einem Auge ruhend auf der Ware. Die **sicherste Fahrweise** stellt ein **Überfahren** der Gleise in einem **ca. 45 Grad Winkel** dar.

Schlusswort

Wenn Sie dieses Buch im Zusammenhang mit Ihrer Erstausbildung oder auch zur Auffrischung Ihres Wissens durchgearbeitet haben und in Verbindung mit der praktischen Ausbildung Ihre Prüfungen bestanden haben, dann sind Sie ein

„Gabelstaplermeister“.

Sie sollten jetzt wissen, dass der Umgang mit einem Gabelstapler gewöhnungsbedürftig ist und immer Ihre volle Aufmerksamkeit erfordert. Zeitdruck, Alltagshektik und Routine dürfen Sie nie von einem professionellen und beherrschten Verhalten abhalten.
Bedenken Sie immer, dass Sie meistens schwere und größere Güter bewegen, die Sie selbst und andere gefährden und im Schadensfalle neben einem möglichen Personenschaden auch ein hoher Sachschaden die Folge sein kann.
Halten Sie sich an die Ratschläge und Tipps aus diesem Buch und Sie werden Ihren Alltag als Gabelstaplerfahrer mühelos meistern. Spätestens nach diesem Buch sollte Ihnen auch klar sein, dass das Fahren eines Gabelstaplers kein Kinderspiel ist, und wenn Sie sich irgendwann in einer Gefahrensituation befinden und Ihre Handlungen resultieren aus diesem Buch, dann haben Sie alles richtig gemacht. Dann hat auch dieses Buch seinen Zweck erfüllt.

Checkliste zur Prüfung des Gabelstaplers vor der Abfahrt

Details richten sich nach der jeweiligen Betriebsanleitung

Staplertyp:		**Datum:**		**Fahrer:**	
Kennzeichen/ SN-Nr.:		**Uhrzeit:**		**Unterschrift:**	

Rundgang

Kontrollpunkt	**Kontrolldetail**	**In Ordnung**	**Nicht in Ordnung**	**Nicht zutreffend**	**Bemerkungen**
Gabelzinken	Brüche, Risse, Verformung, Verschleiß				
Gabelzinken-sicherung	Beschädigung, Sicherung aktiv, Zinken lassen sich nicht verschieben				
Gabelträger	Beschädigung, Funktion				
Lastschutz-gitter	Beschädigung, Verformung, Funktion				
Hubmast	Rohr-/Schlauch-leitungen, Führungs-rollen, Hubzylinder, Beschädigung, fester Sitz, Dichtigkeit				
Lastketten	Risse, defekte Glieder, sonstige Beschädigung, Spannung				
Reifen	Beschädigung, Profil, Druck, Muttern, Schrauben, Verschleiß				
Fahrerschutz-dach Fahrerhaus	Beschädigung, Verformung, fester Sitz, Türen, Scheiben, Beschädigung, Gangbarkeit, freie Sicht				
Schleppbolzen	Beschädigung, Vorhandensein, Gangbarkeit, korrekter Sitz				

Staplertyp:		Datum:		Fahrer:	
Kennzeichen/ SN-Nr.:		Uhrzeit:		Unterschrift:	

Motorinnenraum

Kontrollpunkt	Kontrolldetail	In Ordnung	Nicht in Ordnung	Nicht zutreffend	Bemerkungen
Keilriemen des Lüfters	Beschädigung, Risse, Biegsamkeit, Spannung 12-14mm, Daumenprüfung				
Motorblock	Beschädigung, lose Anbauteile, Undichtigkeiten				
Wasser-abscheider	Beschädigung, Dichtigkeit, Wasserablass				
Wärmetauscher	Beschädigung, Sauberkeit, ggf. mit Druckluft reinigen				
Verdampfer (Gasstapler)	Teeransammlung kontrollieren, ggf. reinigen				
Flüssigkeiten	Füllstandskontrolle: Motoröl, Hydrauliköle, Bremsflüssigkeit, Automatikgetriebe Ölstand, Säurestand Batterie, Kühlflüssigkeit				
Versorgungs-leitungen, Verbindungen, Vorratsbehälter Kraftstoffe, Gas, Elektro	Beschädigung, Zustand, Dichtigkeit, Verbindungen, Fester Sitz				

Staplertyp:		Datum:		Fahrer:	
Kennzeichen/ SN-Nr.:		Uhrzeit:		Unterschrift:	

Auf dem Fahrersitz / Funktionskontrollen

Kontrollpunkt	Kontrolldetail	In Ordnung	Nicht in Ordnung	Nicht zutreffend	Bemerkungen
Fahrersitz	Beschädigung, fester Sitz, Funktion, Einstellung, Fahrerrückhalteeinrichtungen				
Lenksäule/ Lenkrad	Beschädigung, Einstellung, Verriegelung, Lenkungsspiel, nicht mehr als 10 mm				
Elektroanlage	Beschädigung, fester Sitz, Funktion, Hupe, Schalter, Zündschloss, Beleuchtungen, Kontrollleuchten, weitere Einrichtungen				
Pedale	Beschädigung, Sauberkeit, Zustand, fester Sitz, Griffigkeit, Funktion				
Spiegel	Beschädigung, fester Sitz, Einstellung				
Energieversorgung	Füllstände, Ladezustände				
Betriebsbremse	Gangbarkeit, Pedalspielraum, normal 1-3 mm, Funktion				
Feststellbremse	Gangbarkeit, Funktion				
Hydraulik	Kontrolle aller Bewegungstypen, Heben/Senken, Kippen, links/rechts				
Stapel-/ Absenktest	Aufnahme einer leichten Last auf max. Höhe, Absenken mit max. Geschwindigkeit. Zwischendurch schneller Stopp. Last muss an der Stelle verbleiben				

Beispiel 1

Schriftliche Beauftragung von Gabelstaplerfahrern

Herr / Frau ________________________________ geb.: ______________

Wohnort:____

Wird in unserem Betrieb als Führer/in von Gabelstaplern mit dem selbständigen Führen von folgenden Flurförderzeugen beauftragt:

Hersteller________________________________ Typ__________________

Hersteller________________________________ Typ__________________

Hersteller________________________________ Typ__________________

Er/Sie hat seine/ihre Befähigung zum Führen der vorstehend genannten Flurförderzeuge gegenüber dem Unternehmer nachgewiesen.

Die erforderliche Unterweisung erfolgte durch:

-Staplerfahrerlehrgang

-außerbetriebliche Schulung bei:________________________________

-innerbetriebliche Schulung am:________________________________

Datum -Unternehmer- -Staplerfahrer/in-

Beispiel 2

Beauftragung

zum Führen von

Flurförderzeugen

bei Firma:

Personalien:

Name | Vorname | Geburtsdatum

Nachweis der körperlichen Eignung

Hiermit wird bescheinigt, daß die/der o.g. Beschäftigte einer arbeitsmedizinischen Vorsorgeuntersuchung gemäß Grundsatz G 25 für Fahr-, Steuer- und Überwachungstätigkeiten unterzogen wurde.
Im Ergebnis bestehen keine gesundheitlichen Bedenken gegen eine Tätigkeit als Führer von Flurföderzeugen.
Eventuelle Bedingungen für die Ausübung der Tätigkeit sind in der ärztlichen Bescheinigung enthalten.

Datum | Betriebsarzt

Bemerkungen:
Dieser Eignungsnachweis ist bis 3 Jahre nach dessen Ausstellung gültig.
Vor Ablauf der Frist ist eine erneute arbeitsmedizinische Vorsorgeuntersuchung erforderlich.

Nachweis der Ausbildung

Der Inhaber dieses Dokuments hat die Befähigung zum selbständigen Führen von Flurförderzeugen erworben durch:

- ☐ Berufsausbildung als Baumaschinenführer
- ☐ Teilnahme am Lehrgang für Führer von Flurförderzeugen
- ☐ Eine Einweisung am Gerät durch den Hersteller/Fachpersonal fand statt
- ☐ Die zum Nachweis erforderlichen Dokumente lagen zum Zeitpunkt der Beauftragung vor.

Beauftragung zum Führen von Flurförderzeugen

Der Inhaber dieses Dokuments ist zum Inhalt der DGUV Vorschr. 68 unterwiesen und wird als Fahrzeugführer mit dem selbständigen Führen nachfolgend bezeichneter Flurförderzeuge beauftragt:

☐ Gabelstapler ☐ Standschubmaststapler ☐ Schubmaststapler ☐ Hubwagen

☐ Im innerbetrieblichen Verkehr ☐ Auf beschränkt öffentlichen Verkehrsflächen ☐ Im öffentlichen Verkehr

Ausstellungsdatum | Unternehmer | Sicherheitsfachkraft

Beispiel 1

Firma: Verantwortlich: Unterschrift:	**Betriebsanweisung** **UMGANG MIT GABELSTAPLER**	Stand:

ANWENDUNGSBEREICH

Diese Betriebsanweisung gilt für den Betrieb und Verkehr mit Gabelstaplern auf dem gesamten Betriebsgelände durch die beauftragten Staplerfahrer.

GEFAHREN FÜR MENSCH UND UMWELT

Beim innerbetrieblichen Transport mit Gabelstaplern ergeben sich Gefahren u.a. durch zu hohe Geschwindigkeiten, insbesondere im Bereich von Arbeitsplätzen der Kollegen, im Bereich von Kurven und an unübersichtlichen Stellen.

Weitere Ursachen für Unfälle sind falsch aufgenommene Last, Überlastung der Stapler, eingeengte Sichtverhältnisse auf dem Stapler und beengte Verkehrswege.

Durch den Einsatz von diesel-/gasbetriebenen Staplern in geschlossenen Hallen können giftige Abgase die Gesundheit der Beschäftigten beeinträchtigen.

SCHUTZMASSNAHMEN UND VERHALTENSREGELN

Stapler dürfen nur geführt werden, wenn eine schriftliche Beauftragung vom Unternehmer vorliegt.

Prüfung auf Betriebssicherheit durch einen Sachkundigen nicht älter als ein Jahr.

Betriebsanleitung des Staplerherstellers beachten.

Vor Arbeitsbeginn Sicht- und Funktionsprüfung an folgenden Teilen des Staplers durchführen: Fahrgestell, Reifen, Fahrerschutzdach, Antrieb, Betriebs- und Feststellbremse, Lenkung (Lenkungsspiel max. 2 Finger breit), Lastaufnahmeeinrichtung (einschl. Ketten, Zustand der Gabeln), Hydrauliksystem, Hupe, Beleuchtung, Lastschutzgitter, Batterie bzw. Abgasreinigung.

Beim Aufnehmen der Last ist zu beachten:

- Tragfähigkeit nicht überschreiten. Typenschild und Lastschwerpunktdiagramm beachten.
- Last so aufnehmen, dass sich der Lastschwerpunkt so nah wie möglich am Gabelrücken befindet, Last soll so nah wie möglich am Gabelrücken anliegen.
- Hubmast zum Fahrer hin neigen.

Beim Absetzen der Last ist auf folgendes zu achten:

- Last nur unmittelbar vor dem Absetzen bei stehendem Stapler anheben oder absenken.
- Hubgerüst nur über der Stapelfläche nach vorne neigen.
- Bei angehobener Last den Stapler nicht verlassen.
- Last nicht auf beschädigten Transport- oder Lagermitteln (z.B. Paletten, Gitterboxen, Container, Behälter, Regale) stapeln.

Abstellen des Staplers: Gabeln absenken, Handbremse anziehen, Gang auf Null stellen, Zündschlüssel abziehen, keine Verkehrs- und Rettungswege, Notausgänge, Feuerlöschgeräte usw. verstellen.

Auf dem Stapler oder dem Lastaufnahmemittel dürfen keine Personen transportiert werden.

Beim Einsatz des Staplers als Trägergerät für Arbeits- oder Montagebühnen spezielle Betriebsanweisung „Arbeitsbühnen für Gabelstapler“ beachten.

Verkehrswege: Es dürfen nur freigegebene Verkehrswege befahren werden. Auf öffentlichen Verkehrswegen darf nur mit besonders zugelassenen Staplern gefahren werden.

Keine Last auf Verkehrs- und Rettungswegen, vor Notausgängen, elektrischen Verteilungen und Feuerlöschgeräten abstellen.

Verhalten bei Störungen

Der nächste Vorgesetzte ist sofort über Mängel am Stapler, auch abgelaufene Prüffristen, den Transporthilfsmitteln oder an den Verkehrswegen zu informieren.

Stapler, die nicht in Ordnung sind, dürfen nicht benutzt werden und sind gegen Wiederingangsetzen zu sichern (Schlüssel abziehen).

Verhalten bei Unfällen – Erste Hilfe

Bei Unfällen ist Erste Hilfe zu leisten (Blutungen stillen, verletzte Gliedmaßen ruhigstellen, Schockbekämpfung) und der Unfall zu melden. Für die Erste-Hilfe-Leistung Ersthelfer heranziehen. Ruhe bewahren und auf Rückfragen antworten.

NOTRUF: ....

Ersthelfer ist ...., Tel.: ....

Instandhaltung

Instandhaltungsarbeiten dürfen nur von beauftragten Personen durchgeführt werden.

Bei Instandhaltungsarbeiten ist der Stapler gegen Fortrollen zu sichern

Bei Arbeiten unter dem hochgefahrenen Lastaufnahmemittel ist dieses gegen Absinken zu sichern.

Mindestens einmal jährlich Prüfung durch einen Sachkundigen auf Betriebssicherheit.

Dieser Entwurf muss durch arbeitsplatz- und tätigkeitsbezogene Angaben ergänzt werden.

In diesem Dokument wird auf eine geschlechtsneutrale Schreibweise geachtet. Wo dieses nicht möglich ist, wird zugunsten der besseren Lesbarkeit das ursprüngliche grammatische Geschlecht als Klassifizierung von Wörtern (männlich, weiblich, sächlich und andere) verwendet. Es wird hier ausdrücklich darauf hingewiesen, dass damit auch jeweils das andere Geschlecht angesprochen ist.

Beispiel 2

Firma:	Betriebsanweisung	Arbeitsbereich:	Stand:
Arbeitsplatz:	Tätigkeit:	Verantwortlich: Unterschrift	

Anwendungsbereich

Gabelstapler
innerbetrieblicher Verkehr
Diese Betriebsanweisung gilt für den Betrieb und Verkehr mit Flurförderzeugen mit Fahrersitz oder Fahrerstand auf dem gesamten Betriebsgelände durch die beauftragten Staplerfahrer/innen.

Gefahren für Mensch und Umwelt

- Beim innerbetrieblichen Transport mit Gabelstaplern ergeben sich Gefahren unter anderem durch zu hohe Geschwindigkeiten, falsch aufgenommene Last, Überlastung der Stapler oder eingeengte Sichtverhältnisse.
- Benutzen des Staplers durch unbefugte Personen
- Unbeabsichtigtes Ingangsetzen des Staplers
- Um- und Abstürzen des Staplers
- Getroffen werden durch herabfallendes Transportgut
- Anfahren von Personen und baulichen Einrichtungen
- Gefährliche Abgasbestandteile bei Dieselstaplern
- Verätzungen durch Batteriesäure bei beschädigten Batterien oder beim Nachfüllen von destilliertem Wasser (siehe spezielle Betriebsanweisung)

Schutzmaßnahmen und Verhaltensregeln

- Benutzung nur durch beauftragte Personen (Mindestalter 18 Jahre, Jugendliche über 16 Jahre nur unter Aufsicht) unter Beachtung der Betriebsanleitung des Herstellers
- Es dürfen nur Stapler mit gültigem Prüfnachweis verwendet werden.
- Beim Gabelstaplereinsatz sind Schutzschuhe zu tragen.
- Flurförderzeuge mit Verbrennungsmotor nur in folgenden Bereichen einsetzen:
  (hier Einsatzbereiche eintragen)
- Täglich vor dem Arbeitsbeginn sind zu prüfen: Fahrgestell, Reifen, Fahrerschutzdach, Antrieb, Betriebs- und Feststellbremse, Lastaufnahmeeinrichtung (einschließlich Ketten, Zustand der Gabeln), Lastschutzgitter, Lenkung (Lenkungsspiel maximal 2 Finger breit), Hydraulik, Beleuchtung, Warneinrichtung, Batterie beziehungsweise Abgasreinigung.
- Bei Lastaufnahme sind zu berücksichtigen:
  - Freie Sicht
  - Tragfähigkeit nicht überschreiten. Typenschild und Lastschwerpunktdiagramm beachten.
  - Last so aufnehmen, dass sich der Lastschwerpunkt so nah wie möglich am Gabelrücken befindet.
  - Last soll so nah wie möglich am Gabelrücken anliegen.
  - Hubmast zum/zur Fahrer/in hin neigen
- Beim Fahren und Transport ist zu beachten:
  - Innerbetriebliche Verkehrsregeln
  - Bei Sichtbehinderung durch Last: rückwärts fahren
  - Vorhandene Fahrerrückhalteeinrichtung - zum Beispiel Sicherheitsgurt - benutzen
  - Tragfähigkeit der Fahrbahn, gegebenenfalls auch von Ladeblechen, Lkw und deren Anhänger, Aufzügen
  - Lkw, Sattelauflieger unter anderem vor dem Befahren gegen Wegrollen sichern.
  - Last in tiefster Stellung und bergseitig transportieren.
  - Mit angemessener Geschwindigkeit fahren.
  - Mitnahme von Personen grundsätzlich verboten.
  - Anheben von Personen nur auf speziellen für den Gabelstapler geeigneten und zugelassenen Arbeitsbühnen.
  - Keine Last auf Verkehrs- und Rettungswegen, vor Notausgängen, elektrischen Verteilungen und Feuerlöschgeräten abstellen.
- Beim Absetzen der Last ist auf Folgendes zu achten:
  - Last nur unmittelbar vor dem Absetzen bei stehendem Stapler anheben oder absenken.
  - Hubgerüst nur über der Stapelfläche nach vorne neigen.
  - Bei angehobener Last den Stapler nicht verlassen.
  - Last nicht auf beschädigten Transport- oder Lagermitteln stapeln - zum Beispiel Paletten, Gitterboxen, Container, Behälter, Regale.
- Beim Abstellen des Staplers gilt: Gabel absenken, Feststellbremse betätigen, Schlüssel abziehen, Verkehrs- und Rettungswege, Notausgänge, Feuerlöschgeräte, ... freihalten.
- Bei Verwendung von Arbeitsbühnen: Betriebsanweisung Arbeitsbühnen beachten.

Verhalten bei Störungen und im Gefahrfall

- Bei sicherheitsrelevanten Störungen - zum Beispiel an Bremse, Gabel, Hydraulik - Stapler nicht benutzen, gegen Benutzung sichern und Vorgesetzte/n informieren.

Verhalten bei Unfällen / Erste Hilfe

- Ruhe bewahren
- Ersthelfer/in heranziehen
- **Notruf: 112**
- Unfall melden

Instandhaltung / Entsorgung

- Instandhaltungsarbeiten dürfen nur von hierzu beauftragten fachkundigen Personen oder Fachfirmen durchgeführt werden.

Für die Entsorgung - zum Beispiel Altöl, Hydraulikflüssigkeit - ist zuständig:

(hier Name eintragen)

Dieser Entwurf muss durch arbeitsplatz- und tätigkeitsbezogene Angaben ergänzt werden.

In diesem Dokument wird auf eine geschlechtsneutrale Schreibweise geachtet. Wo dieses nicht möglich ist, wird zugunsten der besseren Lesbarkeit das ursprüngliche grammatische Geschlecht verwendet. Es wird hier ausdrücklich darauf hingewiesen, dass damit auch jeweils das andere Geschlecht angesprochen ist.